机器人编程探索与实践

[德] 托马斯·布劳恩 （Thomas Bräunl） 著

吕 斌 译

机械工业出版社

本书聚焦于移动机器人软件开发这一现代机器人学中最为重要的主题，书中不仅展示了如何将树莓派控制器和摄像头安装到车模或其他简易驱动系统上，以来构建低成本机器人实验平台，还对自行开发的一款免费机器人仿真系统 EyeSim 进行了介绍，利用该系统可以对轮式机器人、水上/水下机器人以及足式机器人进行仿真实验。机器人控制算法的开发贯穿本书始终，书中所有示例代码都可以在真实机器人硬件平台和仿真系统上运行。

书中使用的所有软件和示例程序均可免费下载，并且针对 MacOS、Windows、Linux 和树莓派等操作系统提供了不同的程序代码。

本书既可以作为机器人爱好者及工程研究人员的参考资料，也可以作为人工智能或机器人工程专业本科或研究生课程的教材。

First published in English under the title
Robot Adventures in Python and C
by Thomas Bräunl, edition: 1.
Copyright © Springer Nature Switzerland AG, 2020.
This edition has been translated and published under licence from
Springer Nature Switzerland AG.
北京市版权局著作权合同登记号：图字 01-2021-3398 号。

图书在版编目（CIP）数据

机器人编程探索与实践/（德）托马斯·布劳恩著；吕斌译. —北京：机械工业出版社，2022.8
书名原文：Robot Adventures in Python and C
ISBN 978-7-111-71080-6

Ⅰ.①机… Ⅱ.①托… ②吕… Ⅲ.①机器人-程序设计 Ⅳ.①TP242

中国版本图书馆 CIP 数据核字（2022）第 113440 号

机械工业出版社（北京市百万庄大街 22 号　邮政编码 100037）
策划编辑：吕德齐　　　　　　责任编辑：吕德齐
责任校对：闫玥红　王　延　　封面设计：马精明
责任印制：任维东
北京市雅迪彩色印刷有限公司印刷
2022 年 10 月第 1 版第 1 次印刷
169mm×239mm · 11 印张 · 223 千字
标准书号：ISBN 978-7-111-71080-6
定价：79.00 元

电话服务　　　　　　　　　　网络服务
客服电话：010-88361066　　　机 工 官 网：www.cmpbook.com
　　　　　010-88379833　　　机 工 官 博：weibo.com/cmp1952
　　　　　010-68326294　　　金 书 网：www.golden-book.com
封底无防伪标均为盗版　　　机工教育服务网：www.cmpedu.com

译者序

伴随神经网络、机器视觉和传感器技术的发展，智能机器人正不断进入我们的生活，从家用扫地机器人到会拍照的无人机，从快递配送机器人到无人驾驶汽车，这些从前只能在科研实验室中才能见到的智能产品已逐步"飞入寻常百姓家"。另外，智能机器人因具有趣味性和多学科交叉性而成为 STEAM（科学、技术、工程、艺术和数学）教育的优异载体，机器人所涉及的基本知识和概念具有很大的跨度，因此从小学到大学本科乃至研究生都可以利用机器人进行相关知识的学习和能力的获取。参与机器人的工程实践活动一般需要以团队和竞技等方式完成，因此也可以用于合作、沟通、演讲、心理等非技术能力的提高和学习。

译者多年来一直从事机器人方面的科研、教学和竞赛指导工作，每年都会面向大学一、二年级的学生开设相关的课程。在授课过程中往往会遇到如下两个问题：第一，在基于机器人硬件开展教学时，由于受到硬件数量的限制，经常多名学生共用一套硬件，难免有学生实际参与不到其中而达不到教学效果；第二，初阶学生在实验过程中经常会对硬件造成损坏，造成一些不必要的浪费。特别是 2020 年以来，译者开设的机器人课程只能采用线上方式完成，因此基于硬件实验的教学严重受到了影响，虽然市面上存在诸如 ROS 等机器人仿真平台，但这类系统结构非常复杂，需要基于 Ubuntu 操作系统进行开发，而且只支持 C++ 和 Python 语言进行编程，因此并不适用于低年级学生。

译者在教学中引入了布劳恩教授开发的 EyeSim 机器人仿真系统，发现基于此平台能够在保证趣味性的前提下使学生快捷高效地学习，因此决心翻译此书，以便广大读者学习。

本书基于 EyeSim 机器人仿真系统，对智能机器人技术的基础算法进行讲解，内容实用，图片说明和应用实例贯穿全书，知识点覆盖全面，在内容上对机器人硬件构成、行驶算法、激光雷达传感器的数据处理、机器人集群、自主水下机器人和无人船、迷宫探索、导航、机器人视觉、无人驾驶汽车等技术均有涉及，书中大量的仿真实例会帮助学习者更容易地验证并掌握相关知识。

尽管非常努力，但限于译者的水平和经验，书中难免存在纰漏和欠妥之处，欢迎读者通过电子邮件提出您宝贵的意见！

书籍出版工作得到了中国高等教育学会课题（项目编号：2020CYZ01）的支持，在此深表感谢！另外，衷心感谢我的家人，是他们的爱和奉献使我最终能够完成本书的翻译工作。

吕 斌

lvbin@djtu.edu.cn

前　言

传统观念认为机械、电子和软件科学是机器人学中最为重要的三个主题，但当今机器人学其实已经进入了"软件为王"的时代！多年前，笔者曾写过一本名为《嵌入式机器人学》的著作，此书内容在电子学和软件科学之间保持了平衡，同时也兼顾了一些机器人机械学相关的内容。为紧跟当前机器人学的发展需求，笔者将该书内容进行了调整，主要集中在移动机器人的软件开发方面，因为这不仅是目前机器人学真正的挑战所在，也是产生创新成果的主要领域。

书中展示了如何通过把树莓派和摄像机安装到模型汽车或其他一些简单的机械驱动系统上，以构建一款低成本移动机器人，对 EyeBot 机器人以及 EyeSim 仿真系统进行了详细介绍，EyeSim 是笔者开发的一款用于各种轮式、水上/水下及足式机器人的模拟仿真研究的免费软件。本书内容的侧重点虽然是基于仿真系统的算法开发，但在编程仿真过程中并没有进行不切实际的简化假设，而是综合考虑了现实世界中机器人可能遇到的诸多问题，从而确保了所有软件代码都可以在真实机器人硬件和仿真系统上运行。

在西澳大学，使用 EyeSim 仿真系统作为机器人技术的辅助教学工具，大大提高了学生的学习效率和对机器人概念的理解。

本书中使用的所有软件和示例程序都可以从下列网址下载，网站上提供了适用于 MacOS、Windows、Linux 和树莓派的不同代码。

EyeBot 机器人：http：//robotics. ee. uwa. edu. au/eyebot/。

EyeSim 仿真系统：http：//robotics. ee. uwa. edu. au/eyesim/。

在接下来的章节中，我们将对代码进行由浅入深的讲解，整个过程会从小型、简单的移动机器人逐步过渡到全尺寸的无人驾驶汽车。

书中对大多数问题都提供了源代码，为便于读者阅读，本书代码按照以下颜色进行分类：

- Python 程序
- C/C++程序
- SIM 脚本程序
- 机器人定义文件
- 环境数据文件

每章结束后都设置有"本章任务",完成这些任务有助于加深对所学概念的理解,读者可以发挥自身创造力来编写相关程序。

希望您会喜欢这本书,您一定可以在重建和扩展本书的机器人控制代码中获得快乐,进而继续开拓属于您自己的机器人世界!

西澳大学学生 Travis Povey、Joel Frewin、Michael Finn 和 Alexander Arnold 开发了 EyeSim 仿真系统并提供了示例程序,特别感谢你们所付出的努力!

Linda Barbour 和 Springer-Verlag 的编辑团队对本书书稿进行了校对,在此也深表感谢!

托马斯·布劳恩

2020 年 3 月于澳大利亚珀斯

目　录

第1章

机器人硬件

本书内容主要聚焦于各类移动机器人，首先从小型移动机器人讲起，并逐步过渡到水上/水下自主机器人、足式机器人，直至无人驾驶汽车。笔者在西澳大学机器人和自动化实验室开发了如图 1.1 所示的 EyeBot 系列移动机器人，这组多样化的移动机器人主要包括轮式机器人、履带式机器人、足式机器人、飞行机器人以及水下机器人（Bräunl 2008）[1] 等。每种机器人都使用摄像机作为主传感器并带有一个液晶触摸屏作为用户界面。

机器人实际上与嵌入式系统密切相关，它主要由一个同执行器和传感器相连的车载计算机系统控制。根据使用场景的不同，这种车载计算机系统可能是小型的微控制器（MCU），也可能是大型的计算机。车载计算机系统不断读取传感器的

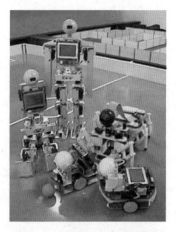

图 1.1　EyeBot 系列移动机器人

输入信号来获取周边环境信息，并向执行器发送命令，使执行器做出反应。执行器的主要形式既可以是电动机（如车轮驱动电动机或关节伺服电动机等），也可以是气动执行器、液压执行器、电磁铁、继电器或固态电子开关等。

1.1　执行器

移动机器人通常由多个执行器进行驱动，但最为常见的形式是由两个电动机组成的"差速驱动"（differential drive）方式，如图 1.2 所示。差速驱动机器人由一个机器人平台和两个独立控制的车轮驱动电动机组成。如果两个电动机以相同的速度向前驱动，则机器人沿直线向前行走，反之则向后行走。如果一个电动机的转动

速度比另一个快，例如左侧电动机比右侧电动机转动得更快，那么机器人将沿如图 1.2b 所示的曲线向右转弯行驶。如果一个电动机（例如左侧电动机）向前驱动轮子，而右侧电动机以大小相同的速度向后驱动轮子，则机器人在原地顺时针转动，如图 1.2c 所示。

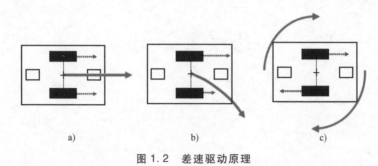

a)   b)   c)

图 1.2   差速驱动原理

1.2   传感器

移动机器人不仅需要具有运动功能，还必须具备感知功能。以本书讲解的最简单的机器人为例，也包括了三种不同类型的传感器，按照复杂程度排序，这三种传感器分别为轴编码器、红外测距传感器以及数字摄像机。

1. 光电式轴编码器

光电式轴编码器是集光、机、电技术于一体的速度位移传感器，它既可以用来反馈机器人驱动电动机的旋转速度（速度控制），也可以用来测量机器人的运动距离（位置控制）。轴编码器通过对电动机轴的旋转角度进行计数，然后利用运动学公式将其转换为机器人的平移和旋转（位姿）变化。这种转换只有在机器人和地面紧密接触并且车轮没有打滑的情况下才能保证一定的精度，由于编码器"脉冲信号"总是存在很小的误差，因此随着机器人行进距离的增大，利用编码器值计算得到的机器人位置和方向误差也会逐步增大。

如图 1.3 所示，轴编码器主要由光栅和光电检测装置组成，光栅是在一定直径

a) 增量编码器   b) 带齿轮箱和编码器的电动机

图 1.3   编码器

的圆板上均匀地开通若干个形状相同的长方形孔，光栅盘与电动机同轴，电动机旋转时，光栅盘与电动机同速旋转。光栅盘旋转时经发光元件发出的红外光被光栅盘狭缝切割成断续的光脉冲，这些光脉冲被接收元件接收并产生信号，该信号经电路处理后输出如图1.4b所示的脉冲信号。

光电式轴编码器的另外一个变体是利用交替变化的黑白扇区（西门子星图）作为反射盘，其红外发射器和检测器均位于反射盘的同侧。

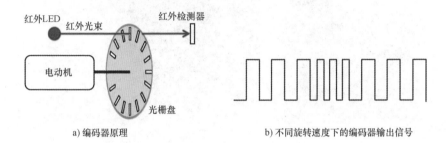

a) 编码器原理　　　　　　　　　　b) 不同旋转速度下的编码器输出信号

图1.4　编码器原理和输出信号

2. 红外距离传感器

红外距离传感器也称为位置敏感探测器（position sensitive device，PSD），如图1.5所示，它可以发出人眼不可见的红外线光束并根据反射光落在探测器阵列上的位置来计算被测物体的距离信息。物体离得越远，反射信号在探测器阵列的位置越靠下，反之则越靠上。EyeBot系列机器人至少使用了三个PSD，它们分别指向机器人的前方、左侧和右侧，利用这些传感器可以计算三个不同方向上墙壁或障碍物的距离信息。

PSD有多种不同的形状和形式，其输出信号为模拟信号或数字信号。

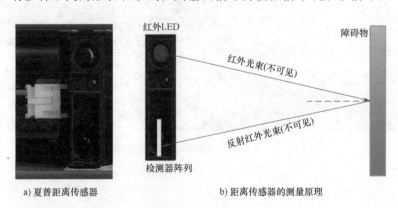

a) 夏普距离传感器　　　　　　　　b) 距离传感器的测量原理

图1.5　夏普距离传感器及其测量原理

3. 数字摄像机

数字摄像机是一种结构更复杂、功能更强大的传感器，其每帧图像可以包含数百万个像素，每一秒钟可以产生多帧数据。VGA[⊖]信号的分辨率通常为 640×480 像素，每个像素包含 3 个字节，频率为 25Hz（PAL[⊖]）或 30Hz（NTSC[⊖]），因此 PAL 的数据流速超过 23MB/s，NTSC 则接近 28MB/s。图 1.6 显示了 EyeCam 相机与树莓派相机模块。

a) EyeCam M4

b) 树莓派相机

图 1.6 EyeCam M4 和树莓派相机

标准树莓派相机的镜头是固定不可更换的，如果其视野（或其他相机参数）不适合机器人应用场景，则可以使用第三方相机，第三方相机一般有多种镜头可供选择，因此能够满足大多数的应用要求。

数字摄像机产生的巨量数据对处理器的要求很高，为了保证机器人的整体处理速度，图像处理帧率一般不应低于 10f/s（帧/秒），因此通常使用较低的图像分辨率。图 1.7 中图像的分辨率为 80×60 像素，虽然分辨率很低，但是仍然可以看到图

图 1.7 分辨率为 80×60 像素的图像示例

⊖ VGA：虚拟图形适配器，图像分辨率为 640×480 像素，1987 年首次由 IBM PS/2 引入。

⊖ PAL：逐行倒相制式，欧洲模拟电视标准制式，625 行/s，25 帧（50 个交替半帧，即隔行扫描），与频率为 50Hz 的电源匹配。

⊖ NTSC：美国国家电视系统委员会制式（也被戏称为"永不相同的颜色"）；北美模拟电视标准，525 行/s，30 帧（60 个交替半帧），与频率为 60Hz 的电源匹配。

像中的多数细节。

1.3 用户接口界面

从技术层面讲，用户接口界面虽非必备功能，但本书中的所有机器人仍都带有如图 1.8 所示的触摸屏用户接口界面。利用该界面不仅可以显示机器人的传感器测量结果，用户还可以使用触摸按钮输入选择参数的命令。该界面不仅能够与真实机器人所携带的物理 LCD 屏幕一起使用，也可以在 PC 端进行远程输入，甚至还可在模拟器中使用。

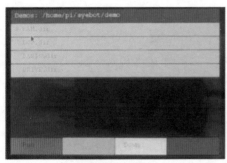

a) 机器人物理触摸屏　　　　　　　　b) 远程输入

图 1.8 机器人物理触摸屏和远程输入

1.4 控制器

执行器和传感器必须同嵌入式控制器连接才能发挥作用，本书采用树莓派（图 1.9a）和 EyeBot7 I/O 控制板（图 1.9b）相结合的方式来完成嵌入式控制，树

a) 树莓派　　　　　　　　b) EyeBot 7 I/O 控制板

图 1.9 树莓派和 EyeBot 7 I/O 控制板

莓派作为主控制器，我们自研的 EyeBot7 I/O 控制板主要用于输入/输出和电动机驱动控制。EyeBot7 I/O 控制板和 Arduino 的功能类似，它是基于 Atmel XMEGA A1U 处理器实现的，可以通过 USB 连接到树莓派主控制器。EyeBot7 I/O 控制板提供了许多树莓派没有的接口，具体如下：

1）4 个带编码器输入的 H 桥电动机驱动接口。
2）14 个伺服电动机输出控制接口。
3）16 个数字 I/O 接口。
4）8 个模拟输入接口。

1.5 机器人完整形态

把执行器、传感器、用户界面、处理器结合在一起就可以构建一个完整的机器人系统。差速驱动形式的机器人驱动电动机可以放置在机器人底盘的中间或后部，为防止机器人翻倒，差速驱式机器人一般会带有一个或两个被动脚轮。这种机器人在前侧、左侧和右侧分别安装了一个 PSD，在正前方还安装了一个摄像机。树莓派主控制器位于顶部触摸屏和 EyeBot7 I/O 控制板之间。图 1.10 为笔者所设计的紧凑型 SoccerBot S4 机器人，图 1.11a 显示了机械结构上更简单但体积稍大的 EyeCart 型机器人。

图 1.10　SoccerBot S4 机器人

图 1.12 中显示了机器人的主要硬件配置。显示屏、摄像机和高级传感器（例如具有 USB 或 LAN 接口的 GPS、IMU、激光雷达等）直接同树莓派相连；驱动电动机、伺服电动机和低级传感器则同 EyeBot7 I/O 控制板相连；EyeBot7 I/O 控制板通过 USB 与树莓派进行通信。

图 1.13 显示了一种更为简单的方式，这种方式无须使用 EyeBot7 I/O 控制板。当使用自身带有伺服转向电动机和电动机数字控制器的车模平台时，只需要两个

a) 带EyeBot7 I/O控制板的EyeCart机器人　　b) 无EyeBot7 I/O控制板的简易机器人底盘

图 1.11　EyeCart 机器人和简易机器人底盘

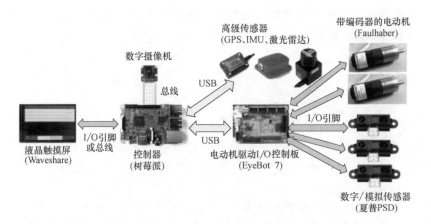

图 1.12　带 EyeBot7 I/O 控制板的机器人系统结构

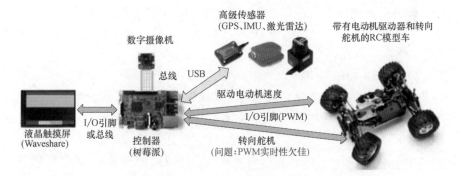

图 1.13　无 EyeBot7 I/O 控制板的机器人系统结构

PWM（脉宽调制）输出引脚就可以直接在树莓派控制器上对其进行控制。但是同 EyeBot7 I/O 控制板上带有的 PWM 专用硬件不同，树莓派控制器所产生的 PWM 控制信号是通过软件模拟实现的，由于我们没有在树莓派上使用实时操作系统（RTOS），因此随着处理不同任务的时间变化，伺服转向电动机可能会出现一些明显的抖动。尽管驱动电动机控制也会有类似的抖动，但这些变化并不像转向电动机那么明显，因此几乎不会引起人们的注意。

无 EyeBot7 I/O 控制板的控制方式适用于构建低成本的简易驱动平台，但由于缺乏底层传感器，特别是驱动电动机的轴编码器，因此不适合对运动精度要求较高的场合，但这种平台配置可以允许更高的行驶速度。

与图 1.11b 所示类似的方法可用于非常简易的机器人底盘配置，树莓派通过两个低成本电动机驱动板来控制底盘上的两个差速驱动电动机运动，电动机驱动板分别位于树莓派的两侧，相机则用尼龙搭扣固定在机器人前面。整个机器人由 USB 移动电源供电。和前述情况相同，这种方式缺乏车轮编码器的反馈信息以及 PSD 的距离数据，因此也需要 EyeBot7 I/O 控制板作为接口。

有关底盘机械结构、电子硬件和系统软件的更多详细信息，请参阅 EyeBot 用户指南（Bräunl 等，2018）[2]。

1.6　通信

前述机器人都是独立的自主移动平台，但是为了便于向机器人传输程序以及从机器人传回数据，机器人与便携式或台式计算机建立无线通信连接是非常必要的。在使用多个机器人时，我们更希望建立一个通信网络，让机器人之间可以相互通信。

本书机器人的网络通信是基于树莓派的内置 WiFi 模块完成的。默认情况下，每个机器人都有各自的 WiFi 热点，因此我们可以使用笔记本电脑、平板电脑或智能手机轻松连接到机器人。

默认 WiFi 热点的网络名称和密码分别为 PI_12345678 和 raspberry。

PI_后面的数字是从树莓派的 MAC 地址自动得出的，网络允许在同一个房间内同时存在多个独立的机器人。

WiFi 的默认 IP 地址为 10.1.1.1。

EyeBot-Raspian 机器人的默认网络用户名和密码分别为 pi 和 rasp。

当使用网线进行连接时，其用户名和密码和无线连接相同，默认 IP 地址为：10.0.0.1。

当多个机器人组网连接时，其网络设置可以更改为"从机"，通过将机器人连接到 DHCP⊖ WiFi 路由器，所有机器人不仅可以直接相互通信，而且也可以同非机器人基站（例如操作员的电脑等）进行交互。

　⊖ DHCP（动态主机配置协议）路由器会为每个 WiFi 客户端分配一个唯一的 IP 地址。

1.7 仿真系统

本书后续章节中将经常使用我们自研的仿真系统，仿真系统中的仿真机器人同真实机器人的运动方式不仅非常近似，而且其控制程序无须更改任何源代码就可以直接从仿真机器人转移到真实机器人。而且模拟器没有进行不切实际的假设，也没有采用现实世界中并不存在的"理想传感器"，其误差设置也非常逼真，使用者可以按照实际情况对传感器测量误差进行调整。模拟环境也反映了现实世界的情况，例如控制机器人运动 1m 的距离时总会存在上下偏差（可能实际行驶了 0.99m 或 1.01m），而且传感器读数也不总是 100% 的正确。

在大约 20 年前的第一个版本开发出来以后，我们已经对 EyeSim 机器人模拟系统进行了多次重构，其最新版本为 EyeSim-VR，如图 1.14 所示，该系统可以在 MacOS、Windows 和 Linux 等多个系统上运行，可以支持 Oculus 和 HTC 的虚拟现实（VR）设备。EyeSim-VR 由 Travis Povey 和 Joel Frewin 于 2018 年开发，2019 年 Alexander Arnold 和 Michael Finn 对其进行了扩展。

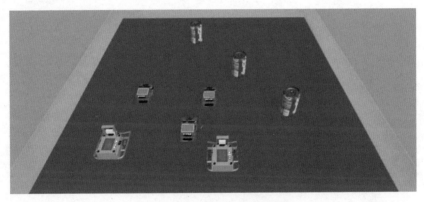

图 1.14 EyeSim-VR 模拟系统

本书以项目的方式进行编写，首先从简单的机器人任务入门并逐步开发出更复杂的机器人控制程序。书中讲解的算法和程序代码可以在真实机器人和模拟平台上无缝衔接使用。

1.8 本章任务

1）选择适当的轮子、执行器（电动机）和传感器（例如摄像机、PSD 等），构建一个移动机器人。

2）列出机器人零件型号、零件数量、供应商和成本的清单。

3）设计机器人的 CAD 图样，综合考虑其所有零部件的尺寸。

4）制作出所设计的机器人。

参考文献

［1］ T. Bräunl, *Embedded Robotics-Mobile Robot Design and Applications with Embedded Systems*, 3rd Ed. , Springer-Verlag, Heidelberg, Berlin, 2008.

［2］ T. Bräunl, M. Pham, F. Hidalgo, R. Keat, H. Wahyu, *EyeBot 7 User Guide*, 2018, http：// robotics. ee. uwa. edu. au/eyebot7/EyeBot7-UserGuide. pdf.

第 2 章

机器人软件

EyeSim 是西澳大学机器人与自动化实验室开发的一款免费移动机器人模拟仿真系统，它支持多种不同类型的机器人和传感器，可以模拟出非常逼真和接近现实的运动模式。EyeSim 机器人仿真源代码无须任何改动就可以直接移植到实体 Eye-Bot 机器人上使用，该系统支持使用 Python、C 和 C++进行编程。

EyeSim 可以对各种轮式/履带式移动机器人、麦克纳姆轮全方位机器人、AUV（自主水下机器人）以及 Starman 腿式机器人进行仿真。更多信息可参考《EyeSim 用户手册》[1]和 EyeSim 网站（图 2.1）：http：//robotics. ee. uwa. edu. au/eyesim/。

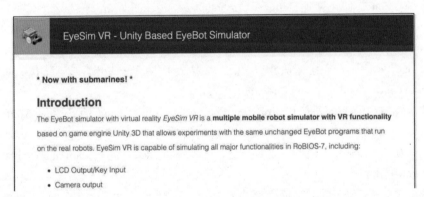

图 2.1　EyeSim VR 网站

EyeSim 是基于 Unity 3D[2] 游戏引擎进行开发的，它拥有出色的跨平台运行性能，可以支持 MacOS、Windows 以及 Linux 操作系统，在安装时应根据操作系统的类型选择相匹配的安装包进行安装，其内置物理引擎使所有机器人的运动动作都非常逼真。

在 MacOS 和 Windows 操作系统上使用 EyeSim 时均需安装 X11 库，此外 Windows 系统还需安装改编版的 Cygwin，用于图像处理的 OpenCV$^{\ominus}$ 等软件则可以根据实际需求选择性安装。

2.1　软件安装

根据操作系统的不同，选择安装所需的辅助软件，此外还可以根据实际需求选择 OpenCV 图像处理软件等。EyeSim VR 系统安装要求见表 2.1。

表 2.1　EyeSim VR 系统安装要求

操作系统	系统版本	预装软件
Windows	Windows 8.1.10	Cygwin(EyeSim version) , Xming
Mac OS	10.10.X	XQuartz
Linux	64 bit	—

下面列出了软件的下载网址。

1）辅助软件下载网址：http：//robotics. ee. uwa. edu. au/eyesim/ftp/aux/。

2）EyeSim 软件包网址：http：//robotics. ee. uwa. edu. au/eyesim/ftp/。

3）EyeSim 用户手册网址：http：//robotics. ee. uwa. edu. au/eyesim/ftp/EyeSim-UserManual. pdf。

4）EyeBot 用户指南（适用于真实机器人）网址：http：//robotics. ee. uwa. edu. au/eyebot7/EyeBot7-UserGuide. pdf。

机器人控制的关键是使用 RoBIOS API 函数（Robot Basic IO System Application Programming Interface），如图 2.2 所示。这些函数的使用说明可以在《EyeBot 用户指南》（如图 2.3 所示）中或网址 http：//robotics. ee. uwa. edu. au/eyebot7/Robios7. html 中找到。

成功安装 EyeSim 后，桌面上会出现如图 2.4 所示的快捷启动图标。单击此图标将在默认环境下启动 EyeSim 模拟器，启动后的环境内默认放置了一个机器人，如图 2.5 所示。

可以通过文件/设置（File/Settings）菜单更改默认启动环境。启动环境中可以拥有多个机器人、多个物体、墙壁、标记、颜色和纹理、3D 地形甚至水下环境，后面的章节会对这些内容进行讲解。

　　⊖ OpenCV 是开源计算机视觉库，详见 OpenCV. org 文件。

RoBIOS-7 Library Functions

Version 7.1, Oct. 2018-- RoBIOS is the operating system for the EyeBot controller.
The following libraries are available for programming the EyeBot controller in C or C++.
Unless noted otherwise, return codes are 0 when successful and non-zero if an error has occurred.

In application source files include: #include "eyebot.h"
Compile application to include RoBIOS library: $gccarm myfile.c -o myfile.o

- LCD Output
- Key Input
- Camera
- Image Processing
- System Functions
- Timer
- USB/Serial
- Audio
- Distance Sensors
- Servos and Motors
- V-Omega Driving Interface
- Digital and Analog I/O
- IR Remote Control
- Radio Communication

- Multitasking
- Simulation

LCD Output

```
int LCDPrintf(const char *format, ...);        // Print string and arguments on LCD
int LCDSetPrintf(int row, int column, const char *format, ...);  // Printf from given position
int LCDClear(void);                            // Clear the LCD display and display buffers
int LCDSetPos(int row, int column);            // Set cursor position in pixels for subsequent printf
int LCDGetPos(int *row, int *column);          // Read current cursor position
int LCDSetColor(COLOR fg, COLOR bg);           // Set color for subsequent printf
int LCDSetFont(int font, int variation);       // Set font for subsequent print operation
int LCDSetFontSize(int fontsize);              // Set font-size (7..18) for subsequent print operation
int LCDSetMode(int mode);                      // Set LCD Mode (0=default)

int LCDMenu(char *st1, char *st2, char *st3, char *st4); // Set menu entries for soft buttons
int LCDMenuI(int pos, char *string, COLOR fg, COLOR bg); // Set menu for i-th entry with color [1..4]
```

图 2.2　RoBIOS 7 API 函数

EyeSim VR
User's Manual

EyeSim VR Team

November 3, 2017

[Revised November 13, 2018]

EyeBot 7 User Guide

Thomas Bräunl, Marcus Pham, Franco Hidalgo, Remi Keat, Hendra Wahyu
August 29, 2018

EyeBot 7 is the 2017 version of the EyeBot embedded controller for robotics applications. It is now based on a Raspberry Pi board with optional LCD display, linked via USB to the EyeBot7-IO board, which has hardware and software drivers for motors and digital or analog sensors. The board runs Raspian Linux with the RoBIOS user interface software on top and provides an extensive robotics library that allows the simple design of robot application programs in C using the RoBIOS API.

Link

http://robotics.ee.uwa.edu.au/eyebot7/

In the following, we will discuss each of these components separately.

Contents

1. EyeBot User Interface
2. RoBIOS Library
3. Hardware Description Table
4. EyeBot IO-Board
5. Building a Robot

图 2.3　EyeSim VR 用户手册以及 EyeBot 7 用户指南

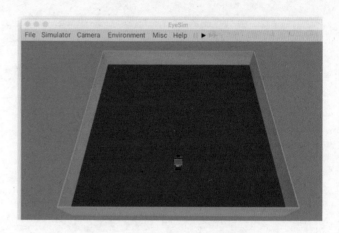

图 2.4　EyeSim 的
快捷启动图标

图 2.5　EyeSim 默认启动环境

2.2　第一个 Python 程序

接下来我们尝试让这个机器人运动起来，相关的 RoBIOS 函数为

$$\text{int VWSetSpeed(int linSpeed, int angSpeed)}$$

该函数称为 $v\text{-}\omega$（v-omega）驱动函数，利用该函数可以为机器人指定线速度 v 和角速度 ω。如果 v 设置为固定值且 $\omega=0$，则机器人直线行驶。当 $v=0$ 且 ω 设置为固定值时，则机器人在原地旋转，如果 v 和 ω 都为非零值，机器人就会沿某种曲线运动。接下来尝试使用这个函数！

完成这个例子的最简单方式是使用 Python，但我们也会利用 C 语言重复这个例子。启动 EyeSim，界面上出现如图 2.5 所示的机器人后，在命令窗口输入

python3

也可以通过 Thonny 或 PyCharm 编程环境启动 Python。

在 Python 命令提示符后输入机器人程序

from eye import ∗

本行程序将使之前提到的所有 RoBIOS API 函数可用。

然后输入第一个运动指令，例如

VWSetSpeed（100，0）

该行程序将机器人的线速度设置为 100mm/s，角速度设置为零。

在命令窗口中，你将看到如程序 2.1 所示的系统对话框。

程序 2.1　在 Python 中利用命令行对机器人编程

```
tb-pro:~ tb$ python3
Python 3.6.5 (v3.6.5:f59c0932b4, Mar 28 2018, 05:52:31)
[GCC 4.2.1 Compatible Apple LLVM 6.0 (clang-600.0.57)] on darwin
Type "help", "copyright", "credits" or "license" for more information.
>>> from eye import *
>>> VWSetSpeed(100,0)
Connection established. Handshaking...
Handshake complete. Waiting for server ready...
Server ready. Beginning control.
0
>>>
```

执行程序后，在 EyeSim 窗口中可以看到机器人会向前行驶，如果没有及时使用 VWSetSpeed（0，0）语句停止机器人，则机器人会撞到前方墙壁上，如图 2.6 所示。因为它只是一个模拟机器人，所以不会造成任何损坏。可以用鼠标单击机器人并将其移回场地中间，使用“+”和“-”键可以使机器人转向。

图 2.6　Python 程序控制机器人运动

2.3　第一个 C 程序

程序 2.2 是用 C 语言编写的机器人直线运动程序，如果想避免机器人和墙壁碰撞，就需要快速停止机器人的运动。

程序 2.2　机器人直线运动程序（C）

```
1  #include "eyebot.h"
2  int main ()
3  { VWSetSpeed(100,0);
4  }
```

“#include”语句使程序包含了“eyebot.h”头文件，这样可以确保 RoBIOS API 函数可用。所有 C 程序在启动时都需要定义一个主函数 main（），主函数中唯一的语句是 VWSetSpeed 函数调用语句，注意语句后面的分号和主函数开始和结束时的大括号（“；”和“{}”）是 C 程序中经常使用的符号。

与 Python 为解释型语言不同，C 语言为编译型语言，因此必须先对源程序进行编译然后才能运行。这样做虽然看起来毫无必要，但实际上却非常有益，因为这种做法会先检查源代码是否有错误并会给出错误的位置。Python 则会直接执行程序，在中间遇到错误时可能会随时停止。

如程序 2.3 所示，可以利用 gccsim 脚本对 C 程序进行快速编译。gccsim 的第一个参数是 C 程序的名称，"-o"选项用于指定二进制输出文件的名称：

gccsim straight. c-o straight. x

程序 2.3　C 程序的编译和执行

```
●  ●  ●          📁 tmp — -bash — 52×26
tb-pro:tmp tb$ gccsim straight.c -o straight.x
tb-pro:tmp tb$ ./straight.x
Connection established. Handshaking...
Handshake complete. Waiting for server ready...
Server ready. Beginning control.
tb-pro:tmp tb$
```

在所有 EyeSim 示例程序目录下，均提供了一个 makefile 文件，它可以极大地简化 C 和 C++程序的编译过程。利用正确的 makefile 文件，只需键入"make"命令即可对程序进行编译。

假设已经启动了 EyeSim 模拟器并且有一个机器人在等待命令，就可以用如下命令运行编译好的程序：

. ∕straight. x

Linux 在执行命令时总是要求指定目录，如果可执行程序 straight. x 在当前目录下，就必须加上"./"前缀。

2.4　机器人走正方形（Python）

更进一步，我们试着编制让机器人走正方形的程序，为此需要使用另外两个 API 函数，这两个函数可以分别驱动机器人直线运动指定的距离以及原地旋转指定的角度，其函数形式为

int VWStraight(int dist, int lin_speed)

int VWTurn(int angle, int ang_speed)

VWStraight 函数参数的单位为 mm 和 mm/s，VWTurn 函数参数的单位为（°）和（°/s）。

程序 2.4 是让机器人走出一个正方形的完整 Python 程序。

利用 for 循环语句，按照"直行-原地转弯"的顺序重复执行四次就可以达到走出正方形的目的。for 循环语句循环变量 x 的取值范围为（0，4），这表示 x 将从 0 开始逐步递增至不小于 4 结束，因此 x 的取值为 0、1、2、3，循环体总共运行四次，这就达到了走正方形的目的。

程序 2.4 机器人走正方形的程序（Python）

```
1  from eye import *
2
3  for x in range (0,4):
4      VWStraight(300,500)
5      VWWait()
6      VWTurn(90,100)
7      VWWait()
```

由于 VWStraight 和 VWTurn 函数在执行后立即将控制权交还给后续程序，任何后续语句都将覆盖前一个语句的执行，因此在每个行驶指令后都必须调用 VWWait 函数。如果忘记调用 VWWait 函数，该程序将快速地运行所有命令，但物理上只执行了最后一个 VWTurn 指令，机器人将只旋转 90°而并不会发生直线移动。

在模拟器菜单"File/Settings/Visual-ization"中打开机器人的路径可视化功能，如图 2.7 所示，利用该功能可以清

图 2.7 EyeSim 菜单中的可视化设置

晰地看到机器人的运动轨迹。进行上述设置后，机器人走正方形的程序将标记机器人在地板上的运动轨迹，如图 2.8 所示。

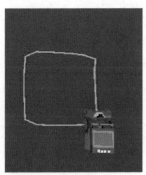

图 2.8 机器人完成走正方形程序的运动轨迹

将行驶指令逐条输入 Python3 解释器比较烦琐，我们还可以将程序统一编写在一个文件中，例如 square.py，然后就可以使用如下命令调用程序：

python3 square.py

如果进一步通过更改其文件权限把源文件 square.py 设置为可执行文件，然后按照下述方式将 Python3 解释器的名称添加在第一行，就可以直接利用命令行快速启动 Python 程序：

#! /usr/bin/env python3

./square.py

2.5　机器人走正方形（C 或 C++）

如程序 2.5 所示，使用 C 或 C++完成相同的行驶任务也非常简单。其指令基本是相同的，但由于 C 和 Python 之间存在一些语法差异，因此 C 需要包含 Eye-Bot/RoBIOS 库，并且需要一个 main 函数，main 可以告诉系统程序从何处开始执行。

程序 2.5　机器人走正方形的程序（C）

```
1  #include "eyebot.h"
2  int main()
3  { for (int i = 0; i < 4; i++) // run 4 sides
4    { VWStraight(400,300); // drive straight 400mm
5      VWWait(); // wait until finished
6      VWTurn(90,90); // turn 90 degrees
7      VWWait(); // wait until finished
8    }
9  }
```

这个 for 循环显得有点冗长，但基本与 Python 相同，它只是将"｛"和"｝"之间的语句块重复执行了四次。和前面类似，VWStraight 和 VWTurn 后面需要跟 VWWait 语句，以确保当前指令在执行下一条行驶指令前执行完毕。

2.6　SIM 脚本和环境文件

现在我们已经可以编写、编译（仅限 C/C++）和执行机器人程序，但是当需要在结构化环境、多机器人和多物体环境等复杂场景下运行机器人程序时，为了避免重复手动放置场景中的组件，可以通过使用类似程序 2.6 中所示的".sim"脚本文件来实现。

程序 2.6　配置单机器人运行环境的 SIM 脚本

```
1  # Default Environment
2  world rectangle.maz
3
4  # Robot placement
5  S4 1500 300 90 square.py
```

除注释（以"#"开头）之外，该 SIM 脚本中只包括两条指令：world 指令用于选择描述机器人行驶环境的文件，S4 指令将一个 S4 型机器人放入行驶环境中指定的 (x, y) 坐标（x 为 1500mm，y 为 300mm）并旋转特定的角度（90°）。后面为程序可执行文件,可以是 Python 程序文件 square.py,也可以将其替换为 C/C++ 二进制文件 square.x。

使用 SIM 脚本还可以完成其他功能,例如添加一行程序

settings VIS TRACE

就会自动启动机器人红外距离传感器的可视化(VIS),并将机器人行驶路径绘制到地面上(TRACE)。

对于行驶环境,EyeSim 支持两种标准输入格式:分别为 .wld 文件和 .maz 文件。.maz 文件较为简单,可以使用字符图形构建行驶环境。字符 "_" 和 "|" 分别代表水平和垂直墙壁。例如,我们可以轻松创建一个如图 2.9a 所示的空矩形。

也可以很容易地构建出 "电脑鼠走迷宫竞赛"(Christiansen 1977)[3] 中的迷宫,图 2.9b 展示了一个竞赛迷宫的示例,符号 "S" 标记了机器人的起始位置,目标始终位于中心。更多关于迷宫以及如何走出迷宫的内容将在第 9 章中介绍。

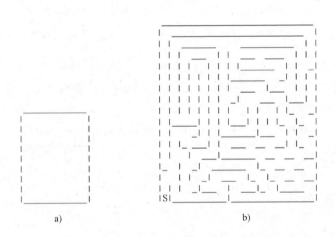

a)　　　　　　　　　　　　　b)

图 2.9　字符图形文件构建的矩形和迷宫环境

2.7　显示和输入

真实的 EyeBot 系列机器人顶部都带有液晶触摸屏,这对数据显示(如传感器值和运行结果的显示)、参数值输入、程序的选择和启动等非常有帮助。当然在 EyeSim 模拟器中也具有相同的功能,其实模拟系统运行的代码与真实机器人运行的代码是完全相同的。以下给出了用于 LCD 显示的主要 RoBIOS API 函数:

int LCDPrintf(const char * format,...)

int LCDSetPrintf(int row, int col, const char * format,...)

int LCDMenu(char * st1, char * st2, char * st3, char * st4)

int LCDClear(void)

int LCDPixel(int x, int y, COLOR col)

int LCDLine(int x1, int y1, int x2, int y2, COLOR col)

int LCDArea(int x1, int y1, int x2, int y2, COLOR c, int fl)

int LCDImage(BYTE * img)

int LCDImageGray(BYTE * g)

int LCDImageBinary(BYTE * b)

通过函数名称可以清楚地猜测出这些函数的功能。它们分别用于在屏幕上显示文本、将文本显示在特定行和列、标记菜单按键（软按键）、清除显示、设置像素/行/区域为特定颜色以及在屏幕上以彩色、灰度或二进制格式显示完整图像。用于获得按键输入（软按键）信息的 RoBIOS API 函数为

int KEYGet(void)   // 对按键进行阻塞读取

int KEYRead(void)   // 非阻塞读取

int KEYWait(int key)   // 等到按键被按下

利用上述按键输入函数可以输入用户命令或通过按键确认某个事件。程序 2.7 展示了一个结合上述两项功能的"Hello, world!" Python 程序。

程序 2.7 "Hello world" 机器人程序（Python）

```
1   from eye import*
2
3   LCDPrintf("Hello from EyeBot!")
4   LCDMenu("DONE","BYE","EXIT","OUT")
5   KEYWait(ANYKEY)
```

该程序可以在显示屏上输出一行文本（"Hello from EyeBot!"），程序定义了四个软按键并指定了按键的名字，然后等待用户按下其中任何一个按键。注意：如果没有最后一条 KEYWait 指令，程序会立即终止并清除输出在显示器上的信息。因此用 KEYWait 进行等待是确保程序能够按要求终止的好方法。

程序 2.8 中给出了同样功能的 C 程序。它包含一个必需的 main 函数，在 Python 程序中也可以包含该函数。其他 RoBIOS 函数与 Python 程序相同。

无论 Python 程序还是 C 程序，运行（和编译）后都会产生如图 2.10 所示的屏幕输出结果。

程序 2.8 "Hello world" 机器人程序（C）

```
1  #include"eyebot.h"
2
3  int main()
4  { LCDPrintf("Hello from EyeBot!");
5    LCDMenu("DONE","BYE","EXIT","OUT");
6    KEYWait(ANYKEY);
7  }
```

图 2.10 Hello world 程序在模拟器上的输出效果

2.8 距离传感器

截至目前，我们虽然已经讨论了控制机器人移动的一些基础语句，但一直并未涉及传感器的输入，接下来我们首先从读取 PSD（红外位置传感设备）开始来介绍涉及传感器的编程方式，其 RoBIOS API 函数为：

int PSDGet（int psd）　　//从传感器读取距离（单位为 mm）

机器人在特定方位上分别带有四个预定义的传感器，其系统参数常量分别用 PSD_FRONT、PSD_LEFT、PSD_RIGHT 和 PSD_BACK 表示。

可以将这些传感器整合到第一个直线行驶程序中，利用传感器的输出值作为停止控制条件来避免机器人撞到墙壁。程序 2.9 显示了相应的 Python 代码。

程序 2.9 行驶-停止程序 1（Python）

```
1  from eye import*
2
3  while PSDGet(PSD_FRONT) >200:
4    VWSetSpeed(100,0)
5  VWSetSpeed(0,0)
```

通过这个程序可以看到，机器人在同前方障碍物至少有 200mm 的间隙时会持续行驶，如果低于 200mm，则速度设置为（0，0），机器人停止运动。

但在循环体内重复执行 VWSetSpeed 命令并不合理，只需在开始时对速度设置一次，然后进入一个判断传感器距离条件的"空循环"，虽然"空循环"看起来并不友好，但这样才是合理的编程方式（程序 2.10）。

程序 2.10　行驶-停止程序 2（Python）

```
1  from eye import*
2
3  VWSetSpeed(100,0)
4  while PSDGet(PSD_FRONT)>200:      # empty wait
5  VWSetSpeed(0,0)
```

程序 2.11 中显示了相应的 C 程序。除了大括号和分号外，该程序与 Python 程序没有太大区别。在这个程序内，while 条件后面的分号尤其重要，它表示一个空（等待）语句。

程序 2.11　行驶-停止程序（C）

```
1  #include"eyebot.h"
2
3  int main()
4  {VWSetSpeed(100,0);                /* drive */
5   while(PSDGet(PSD_FRONT)>200);  /* wait  */
6   VWSetSpeed(0,0);                  /* stop  */
7  }
```

如果想让程序节省一些 CPU 时间，可以插入如下 OSWait（100）语句来等待 100ms（0.1s）：

while(PSDGet(PSD_FRONT) > 200)
　　　　　　OSWait(100);

上述程序可以使机器人在任何情况下都避免碰撞，机器人会在墙壁前 200mm 处停止，如图 2.11 所示。

把 PSD 的值输出在屏幕上可以帮助调试机器人程序，程序 2.12 显示了相应的代码。将机器人运动控制指令编写在 LCDMenu 和 KEYWait 指令之间，可以避免程序在机器人停止运动时立即终止并擦除显示屏上的内容。程序使用 dist 变量来存储距离值并作为距离判断条件，这样可以避免在每次循环迭代中

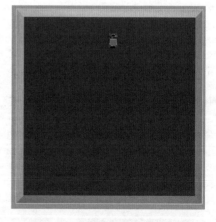

图 2.11　机器人行驶和防撞停止

调用 PSDGet 函数两次。

程序 2.13 显示了等效的 C 程序。C 程序采用 do-while 循环结构，它在循环体结束时才检查终止条件，do-while 循环使代码更加优雅。

程序 2.12　带距离显示功能的行驶-停止程序（Python）

```
1   from eye import*
2
3   LCDMenu("","","","END")
4   VWSetSpeed(100,0)
5   dist =1000
6   while dist >200:
7     dist =PSDGet(PSD_FRONT)
8     LCDPrintf("% d ",dist)
9   VWSetSpeed(0,0)
10  KEYWait(ANYKEY)
```

程序 2.13　带距离显示功能的行驶-停止程序（C）

```
1   #include"eyebot.h"
2
3   int main()
4   { int dist;
5
6     LCDMenu("","","","END");
7     VWSetSpeed(100,0); /* drive* /
8     do
9     { dist =PSDGet(PSD_FRONT);
10      LCDPrintf("% d ",dist);
11    } while (dist >200);
12    VWSetSpeed(0,0);    /* stop  * /
13  KEYWait(ANYKEY);
14  }
```

如图 2.12 所示，机器人移动时显示屏上会实时更新机器人同墙壁的距离，一旦达到 200mm 的阈值，机器人就会停止运动，LCD 也会停止更新距离显示。

无论在模拟器中还是在真实机器人上，虽然还可能存在一些同 PSD 功能类似的其他距离传感器，但激光雷达（光检测和测距）传感器是效果最为突出一种，它能够提供更加丰富的数据，激光雷达是一个旋转激光扫描仪，每次扫描可以返回几千个距离点，类似于在一个圆周上布置了大量的 PSD。本书将在第 4 章中详细介绍激光雷达传感器。

另一个形式的距离传感器为里程计，里程计主要依靠机器人电动机轴上的增量编码器进行计数，可以通过组合机器人左右驱动电动机的编码器值来计算其位置和方向（假设车轮没有打滑）。RoBIOS 函数库中的 VWSetPosition 和 VWGetPosition 函数可以根据机器人的车轮直径、编码器分辨率以及轮距等信息进行计算，将里程计的数据转换为机器人的位姿（位置和方向）。该数据存储在真实机器人的 HDT（硬件描述表）文件和模拟机器人的".robi"定义文件中。用户可以自由探索这些传感器的使用。

图 2.12　机器人屏幕上的距离输出数据（直到 200mm 时停止）

2.9　摄像机

接下来介绍机器人中最为重要的传感器——摄像机。本书中的每个真实和模拟机器人上都配备了数字摄像机。在模拟器中，摄像机的位置和方向可以通过机器人的".robi"定义文件进行设置，摄像机可以放置在真实或模拟的两轴云台上，这样就可以改变摄像机的方位角和俯仰角。摄像机图像读取的 RoBIOS API 函数为：

```
int CAMInit( int resolution )          //设置相机分辨率
int CAMGet( BYTE * buf )               //读取彩色相机图像
int CAMGetGray( BYTE * buf )           //读取灰度图像
```

在使用摄像机时，首先必须使用 CAMInit 函数对其进行初始化，该函数还可以设置摄像机分辨率模式。最常见的分辨率设置值为 VGA（640×480）、QVGA（1/4 VGA，即 320×240）或 QQVGA（1/4×1/4VGA，即 160×120）。在模拟和真实机器人上，通常最好从低 QQVGA 分辨率开始进行设置，由于 QQVGA 需要的图像处理时间最少，这样就可以对程序运行的实时性进行验证。

如程序 2.14 所示，CAMInit 将摄像机初始化为 QVGA 模式，因此后续对 CAMGet 函数的每次调用都将返回一个包含 320×240 个颜色值的数组。每个颜色值都包含三个字节，分别表示一个像素的红色、绿色和蓝色（RGB）分量。

我们在 Python 中定义了一个同 C 程序类似的 main 函数，其代码如程序 2.15 所示。程序 2.16 中给出了实现同样功能的 C 程序。C 程序明确地将变量 img 定义为 QVGA_SIZE 大小的数组，QVGA_SIZE 的内部定义值为 320×240×3（每像素三个字节）。随后变量 img 就可以用作 CAMGet 和 LCDImage 的参数。C 程序在循环结束时检查终止条件，而在 Python 程序中只能在开始时对其进行检查。

程序 2.14　摄像头简易程序（Python）

```
1  from eye import*
2
3  LCDMenu("","","","END")
4  CAMInit(QVGA)
5  while (KEYRead() ! =KEY4):
6    img =CAMGet()
7    LCDImage(img)
```

程序 2.15　带有 main 函数的摄像头简易程序（Python）

```
1  from eye import*
2
3  def main():
4    LCDMenu("","","","END")
5    CAMInit(QVGA)
6    while (KEYRead() ! =KEY4):
7      img =CAMGet()
8      LCDImage(img)
9
10 main()
```

程序 2.16　摄像头简易程序（C）

```
1  #include"eyebot. h"
2
3  int main()
4  { BYTE img[QVGA_SIZE];
5    LCDMenu("","","","END");
6    CAMInit(QVGA);
7    do { CAMGet(img);
8        LCDImage(img);
9    } while (KEYRead() ! =KEY4);
10 return0;
11  }
```

　　虽然这个例子中的机器人没有移动，但可以用鼠标在环境中移动机器人来查看显示屏上的图像变化。如图 2.13 所示，在场景中额外放置一些物体会更加有趣。

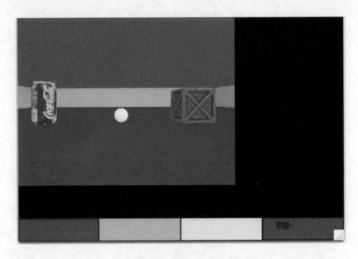

图 2.13 摄像机程序输出

2.10 机器人通信

机器人可以通过树莓派内置的 WiFi 模块相互通信，系统提供了机器人点对点、机器人群组之间或机器人同基站之间发送消息的一些基本通信命令，这些命令在真实机器人和模拟器上均可使用。下面列出最重要的一些通信命令：

int RADIOInit(void)	//通信初始化
int RADIOGetID(void)	//获取自身网络 ID
int RADIOSend(int id,char * buf)	//向目标发送字符串
int RADIOReceive(int * id_no,char * buf,int size)	//接收数据
int RADIOStatus(int IDlist[ ])	//获取机器人 ID 列表

下面用两个机器人的简易往复信息传输（ping-pong token transmission）示例演示上述通信函数的使用方法。该示例的主要功能为 1 号机器人首先向 2 号机器人发送消息"1"，每个机器人都对接收到的消息进行显示，并在递增后发送给对方。

首先设置 SIM 脚本程序，在场景中同时运行两个机器人，本例虽然选择了两种不同类型的机器人（S4 和 LabBot），但它们都运行相同的程序（程序 2.17）。

程序 2.17 运行两个机器人的 SIM 脚本

```
1  # robotname x y phi
2  S4      400  600   0  ping.x
3  LabBot 1000  600 180  ping.x
```

在程序 2.18 中，首先利用 RADIOInit 函数启动通信接口，然后检索机器人在网络中的 ID，在仿真环境下，机器人的 ID 编号被标记为 1、2、3 等。但真实机器人的 ID 是从自身的 IP 地址派生出来的，因此具体 ID 取决于网络情况。

程序 2.18　Radio 通信程序（C）

```
1    #include"eyebot.h"
2    #define MAX 10
3
4    int main()
5    {int   i,my_id,partner;
6      char buf[MAX];
7
8      RADIOInit();
9      my_id =RADIOGetID();
10     LCDPrintf("my id % d\n",my_id);
11     if(my_id==1)              //master only
12     {partner=2;               //robot 1--> robot 2
13     RADIOSend(partner,"A");
14     }
15     else partner=1;           // robot 2 --> robot1
16
17     for (i=0; i<10;i++)
18     { RADIOReceive(&partner,buf,MAX);
19       LCDPrintf("received from % d text % s\n",partner,buf);
20       buf[0]++;               //increment first character of message
21     RADIOSend(partner,buf);
22     }
23     KEYWait(KEY4);            //make sure window does not close
24     }
```

ID 为 1 的机器人被定义为主机（master）[注]，主机向 2 号伙伴机器人发送消息"A"，随后两个机器人运行相同的 for 循环程序，机器人利用 RADIOReceive 函数等待接收下一条消息，接收到信息并在屏幕上显示后，对 buf 信息数组中的第一个元素进行加 1 运算并将其发回（因此 2 号机器人会发送字符"B"）。循环运行 10 次，直至两个程序终止。图 2.14 中显示了两个机器人的输出结果。

[注] 对于真实的机器人，并不能保证其实际具有此编号，因此需要使用 RADIOStatus 函数找出网络中所有机器人的 ID，并将编号最小的机器人作为主机。

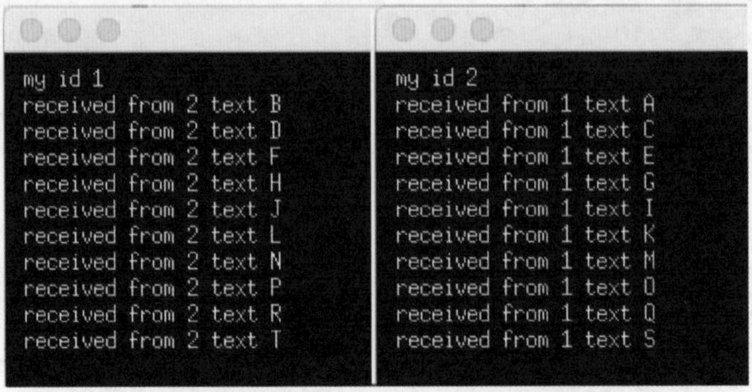

my id 1
received from 2 text B
received from 2 text D
received from 2 text F
received from 2 text H
received from 2 text J
received from 2 text L
received from 2 text N
received from 2 text P
received from 2 text R
received from 2 text T
my id 2
received from 1 text A
received from 1 text C
received from 1 text E
received from 1 text G
received from 1 text I
received from 1 text K
received from 1 text M
received from 1 text O
received from 1 text Q
received from 1 text S

a) 1号机器人的输出结果　　b) 2号机器人的输出结果

图 2.14　机器人的输出结果

2.11　多任务处理

机器人应用程序能够并行处理多个任务是非常有意义的，即使机器人只有一个处理器，也需要将任务序列化来实现并行处理。机器人通常具有多个控制回路，而且它们必须以不同的频率运行。例如，为避免碰撞，读取 PSD 信息的控制指令必须快速运行，而耗时的图像处理控制指令则以较慢的速度运行（图 2.15）。尽管后续章节中的简单示例程序都没有涉及多任务处理，但多任务处理是复杂机器人程序的重要组成部分。

EyeBot7
11 Image
712 Dist= 927

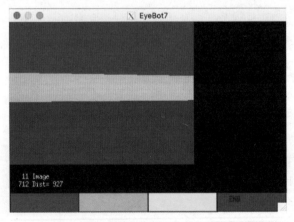

图 2.15　摄像机和 PSD 的迭代计数器显示值

本书使用标准 pthreads 包（POSIX Threads）[4] 进行多任务处理，对此有很多独立文献可以查阅。在程序 2.19 中，我们使用互斥锁（mutex：mutual exclusion lock 的缩写）来同步两个并行运行的线程。

程序 2.19　采用 pthreads 的多任务处理程序

```
1    #include"eyebot.h"
2    pthread_mutex_trob;
3
4    void * cam(void* arg)
5    { int i=0;
6      QVGAcol img;
7      while(1)
8      {pthread_mutex_lock(&rob);
9         CAMGet(img);
10        LCDImage(img);
11        LCDSetPrintf(19,0,"% 4d Image ",i++);
12       pthread_mutex_unlock(&rob);
13      sleep(1);     // sleep for 1 sec
14      }
15      return NULL;
16   }
17
18   void * psd(void * arg)
19   { int j=0;
20     while(1)
21     {pthread_mutex_lock(&rob);
22        d =PSDGet(PSD_FRONT);
23        LCDSetPrintf(20,0,"%4d Dist =% 4d ",j++,d);
24       pthread_mutex_unlock(&rob);
25      usleep(50);      // sleep for 0.1sec
26   }
27   }
28
29   int main()
30   { pthread_t t1,t2;
31     XInitThreads();
32     pthread_mutex_init(&rob,NULL);
33     CAMInit(QVGA);
34     LCDMenu("","","","END");
35     pthread_create(&t2,NULL,cam,(void* )1);
36     pthread_create(&t1,NULL,psd,(void* )2);
37     KEYWait(KEY4);
38     pthread_exit(0);//will terminate program
39   }
```

主程序首先对线程和互斥锁进行初始化，然后并行启动两个子线程 cam 和 psd，并在最后等待按下按键以终止整个程序。每个子线程都由一个读取传感器数据（cam 线程为摄像机读取，psd 线程为 PSD 读取）并将其结果输出到屏幕上的无限循环程序构成，循环计数器 i 和 j 的值也会同时显示在屏幕上。为防止结果错误和不可预测的行为，对 RoBIOS 函数的调用必须位于 mutex_ lock 和 mutex_ unlock 语句之间。互斥锁只会让一个并行线程通过运行，而且第二个线程的运行必须等待第一个线程完成解锁操作。两个线程都使用 sleep/usleep 来释放处理时间。

2.12 IDE 的使用

在进行 Python、C/C++程序开发时，有多个优秀的免费集成开发环境（IDE）可供选择。利用集成开发环境可以使程序设计和调试变得更加容易。IDE 允许程序单步执行、设置断点和检查变量内容，这些功能是程序开发的宝贵工具，可显著提高程序开发效率。

对于 Python，推荐使用 Thonny[⊖]（小型自包含包，如图 2.16 所示）或 PyCharm[⊜]（成熟综合包）作为集成开发环境，并在开始前确保将 Python 解释器设置为 Python3。

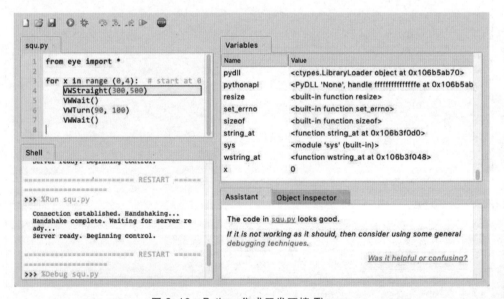

图 2.16　Python 集成开发环境 Thonny

对于 C 和 C++，则推荐使用 CLion[⊜]作为集成开发环境。图 2.17 的示例给出了 CLion 单步执行 C 程序时相关变量的变化以及机器人 LCD 上的输出。

　　⊖ Thonny 是适合初学者的 Python IDE，https：//thonny. org。

　　⊜ PyCharm 是面向专业人士和开发人员的 Python IDE，https：//www. jetbrains. com/pycharm/。

　　⊜ CLion 是 C/C++跨平台 IDE，https：//www. jetbrains. com/clion/。

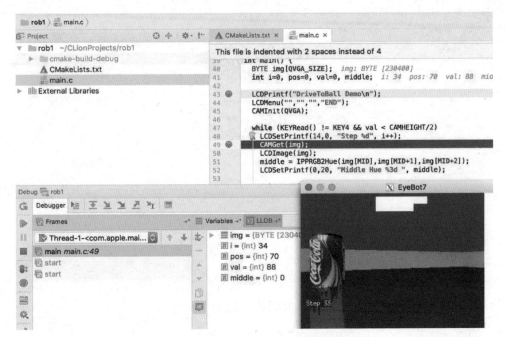

图 2.17　C/C++集成开发环境 CLion

2.13　本章任务

1）用 Python、C 或 C++编写一个机器人直线行驶程序，要求机器人同障碍物或墙壁的距离小于 300mm 时旋转 180°并返回起点。

2）编写一个程序，使机器人沿直径 1m 的圆周运动。

3）使用 RoBIOS 的 RADIOStatus 函数扩展通信程序，使其适用于任意机器人 ID。

4）根据自己熟悉的编程语言，选择一款集成开发环境并进行相关设置，然后单步执行机器人程序。

参考文献

［1］ EyeSim VR Team, *EyeSim User Manual*, 2018, robotics. ee. uwa. edu. au/eyesim/ftp/EyeSim-User Manual. pdf.

［2］ Unity 3D, https：//unity3d. com.

［3］ D. Christiansen, *Spectral Lines - Announcing the Amazing MicroMouse Maze Contest*, IEEE Spectrum, vol. 14, no. 5, SPEC77, May1977, p. 27（1）.

［4］ POSIX Threads, Wikipedia, https：//en. wikipedia. org/wiki/POSIX_Threads.

第 3 章

行 驶 算 法

即使没有任何障碍物，使机器人精准地从 A 点移动到 B 点也是一项挑战。在研究如何使机器人按照要求运动到目标位置之前，本章首先对无目标的机器人随机行驶方法进行研究，如果机器人需要以特定位姿（包含方向）到达目标，控制算法将会更加复杂。

3.1　随机行驶

第一代扫地机器人采用的是随机碰撞的行驶模式，遇到阻碍即改变行进方向，具体步骤如下：

1）首先直线行驶，直至撞到障碍物；

2）然后随机转动一个角度。

这种算法驱动的扫地机器人其扫地质量并不会太好，但从数学角度来讲，如果扫地时间无限长，这个算法将覆盖机器人可以物理到达的整个清扫区域。

Evan Ackerman 给出了一个带有 LED 的扫地机器人的行驶模式照片，如图 3.1 所示。从照片中可以看到扫地机器人的运动存在很多低效率的曲折行驶轨迹 [（Ackerman 2010）[1] 和（Ackerman 2016）[2]]。

如图 3.2 所示，更先进的扫地机器人则拥有更高效的行驶模式，机器人利用房间墙壁进行定向，然后按照"剪草机行驶模式"（lawn mower pattern）进行规则运动。

如程序 3.1 所示，随机行驶程序主要由一个 while 循环组成，该循环会持续运行直到按下结束（END）按钮（KEY4），程序在每次循环迭代中都会等待 100ms（0.1s）以减少计算开销。机器人向前行驶之前，if 判断语句会确定机器人的三个侧面是否有足够的空间（>300mm），如果没有运动空间，机器人首先会后退一小段距离（25mm），然后随机转动一个角度。函数 random（）用于产生一个介于 0

图 3.1　Roomba 880 扫地机器人的
行驶模式（Ackerman 2016）

照片由 Evan Ackerman/IEEE Spectrum 2016 提供。

图 3.2　Roomba 980 扫地机器
人的行驶模式（Ackerman 2016）

照片由 Evan Ackerman/IEEE Spectrum 2016 提供。

和 1 之间的数字，因此语句

$$180 * (random() - 0.5)$$

会产生一个介于 -90° 和 +90° 之间的角度值，该值定义了机器人随机转弯的范围。在下一次循环迭代中，如果在更新后的方向上有运动空间，机器人将再次沿直线行驶。

程序 3.1　随机行驶程序（Python）

```
1    from eye import*
2    from random import*
3
4    safe=300
5    LCDMenu("","","","END")
6
7    while(KEYRead() ! =KEY4):
8      OSWait(100)
9      if(PSDGet(PSD_FRONT)>safe and PSDGet(PSD_LEFT)>safe
10     and PSDGet(PSD_RIGHT)r>safe):
11       VWStraight(100,200)
12     else:
13       VWStraight(-25,50)
14       VWWait()
15       dir=int(180* (random()-0.5))
16       VWTurn(dir,45)
17       VWWait()
```

　　程序 3.2 为相同算法的扩展版本，该程序会首先将 PSD 的测量数值存储在变量 *f*、*l* 和 *r* 中，然后输出到显示屏上，它还会在机器人转动时输出一条关于机器人动作的消息（这是一种非常好的做法），程序还能够实时读取和显示摄像机拍到的图像。图 3.3 中的屏幕截图显示了机器人的一条行驶轨迹，本程序使用足球场地作为机器人的运动场景。

图 3.3　机器人执行随机行驶程序的轨迹

程序 3.2　带距离传感器输出的随机行驶程序（Python）

```
1   from eye import*
2   from random import*
3
4   safe=300
5   LCDMenu("","","","END")
6   CAMInit(QVGA)
7
8   while(KEYRead()!=KEY4):
9      OSWait(100)
10     img=CAMGet()
11     LCDImage(img)
12     f=PSDGet(PSD_FRONT)
13     l=PSDGet(PSD_LEFT)
14     r=PSDGet(PSD_RIGHT)
15     LCDSetPrintf(18,0,"PSD L%3d",l,f,r)
16
17     if(l>safe and f>safe and r>safe):
18       VWStraight(100,200)
19     else:
20       VWStraight(-25,50)
```

```
21    VWWait()
22    dir =int(180* (random()-0.5))
23    LCDSetPrintf(19,0,"Turn    % d",dir)
24    VWTurn(dir,45)
25    VWWait()
26    LCDSetPrintf(19,0,"       ")
```

除语法差异外，该程序的 C 语言版和 Python 版基本类似，运行结果也完全相同（具体见程序 3.3）。摄像机在初始化时设置为 QVGA 模式，摄像机采集的图像与机器人前方、左侧和右侧的 PSD 读数一起显示在屏幕上。按下 KEY4（"END"软键）按键可以终止程序的运行。

程序 3.3　随机行驶程序（C）

```
1     #include "eyebot.h"
2     #define SAFE 300
3
4     int main()
5     { BYTE img[QVGA_SIZE];
6       int dir,l,f,r;
7
8       LCDMenu("","","","END");
9       CAMInit(QVGA);
10
11      while(KEYRead() ! =KEY4)
12      {CAMGet(img);          //demo
13        LCDImage(img);        //only
14        l =PSDGet(PSD_LEFT);
15        f =PSDGet(PSD_FRONT);
16        r =PSDGet(PSD_RIGHT);
17        LCDSetPrintf(18,0,"PSD L%3d F%3d R%3d",l,f,r);
18        if (l>SAFE && f>SAFE &&r>SAFE)
19          VWStraight(100,200);//start driving 100mm dist.
20        else
21        { VWStraight(-25,50); VWWait(); // backup
22          dir = 180 * ((float)rand()/RAND_MAX-0.5);
23          LCDSetPrintf(19,0,"Turn %d",dir);
24          VWTurn(dir,45); VWWait(); // turn [-90,+90]
25          LCDSetPrintf(19,0,"           ");
26        }
27        OSWait(100);
```

```
28    } //while
29  return0;
30  }
```

机器人遇到任何障碍物时都会停止运动，这包括遇到另一个机器人时也会停下来，所以现在可以安全地让多个机器人在同一个编程环境中运行。为此，只需为每个机器人在 SIM 脚本中添加一行额外代码。在程序 3.4 的脚本中，我们启动了三个不同的机器人，包括两个 LabBot 和一个 SoccerBot S4，本例中的所有机器人都具有相同的可执行程序，但可以通过更改可执行程序的文件名来指定不同的程序。

程序 3.4　在同一环境中添加多个机器人的 SIM 脚本程序

```
1   #Environment
2   world $HOME/worlds/small/Soccer1998.wld
3
4   settings VISTRACE
5
6   # robotname x y phi
7   LabBot    400    400      0  randomdrive.py
8   S4        700    700     45  randomdrive.py
9   LabBot   1000   1000     90  randomdrive.py
```

虽然每添加一条额外脚本语句就可以在场景中添加一个机器人，看似非常简单，但对于机器人集群来说，如果想要添加 100 个机器人，这种操作就会变得特别麻烦。对于机器人集群应用程序，SIM 脚本有相应的设置方法，这会在本书第 5 章机器人集群中进行讨论。图 3.4 显示了同一环境中三个机器人随机行驶的状态。

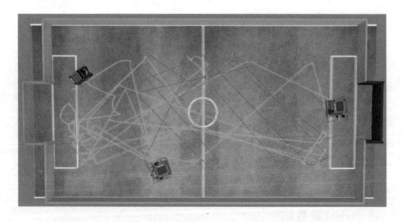

图 3.4　同一环境中三个机器人随机行驶的状态

3.2　行驶至目标位置

与随机行驶不同，机器人大部分运动是朝着某个目标进行的。接下来的部分会介绍一些在起始点 A 与目标点 B 之间无障碍的条件下机器人从 A 运动至 B 的方法。本书第 10 章会对更复杂的运动场景进行研究，其中包括需要避让障碍的情况。

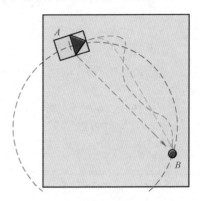

图 3.5 显示了如何从 A 点（左上角的机器人位置）运动到 B 点（右下角的红点）的多种方法。其中包括：

1）原地转向，达到正确的航向，然后沿直线行驶至目标（深绿线）。

2）沿着连接 A 到 B 的圆弧（蓝线）行驶。

3）不断改变机器人的航向行驶至目标（"跟踪曲线"，浅绿线）。

4）沿三次样条曲线行驶，该曲线可以使机器人以特定姿态到达目标（红线）。

以下将对每一种运动方式进行详细研究。

图 3.5　运动到目标位置的不同策略

3.3　转弯直行算法

从 A 运动到 B 的最简单方法是机器人首先原地旋转然后沿直线行驶，虽然这种方法机器人行驶的距离最短，但因为它执行了旋转和直行两次单独的运动，而且必须在机器人转向完成并完全停止后才能开始直行，因此并不能保证完成任务的运行时间最短。

程序 3.5 显示了算法的具体实现过程。首先，使用函数 atan2 计算相对于目标的角度。与直接将 $\mathrm{d}y/\mathrm{d}x$ 的商作为单个参数的反正切函数 arctan 不同，atan2 函数将参数 $\mathrm{d}y$ 和 $\mathrm{d}x$ 作为两个单独的参数，因此可以计算出唯一的正确角度：

$$\text{goal\_angle} = \text{atan2}(\,\mathrm{d}y,\mathrm{d}x)$$

由于该函数的返回值以弧度（rad）为单位，因此必须转换为度数才能将其用于 VWTurn 函数。

可以利用勾股定理计算行驶距离

$$\text{goal\_distance} = \sqrt{\mathrm{d}^2x + \mathrm{d}^2y}$$

实际的行驶过程非常简单，首先使用 VWTurn 函数按计算出的角度进行旋转，然后使用 VWStraight 函数按计算出的距离值直线行驶，要注意，两条行驶指令后都必须调用 VWWait 函数，该函数会暂停主程序的执行，直到行驶指令完成。

程序 3.5　转弯直行行驶算法（C）

```
1   #include "eyebot.h"
2   #define DX 500
3   #define DY 500
4
5   int main()
6   { float angle,dist;
7     //calculate angle and distance angle=atan2(DY,DX);
8     angle = atan2(DY,DX) * 180/M_PI;
9     dist = sqrt(DX* DX +DY* DY);
10
11    // rotate and drive straight
12    VWTurn(angle,50);     VWWait();
13  VWStraight(dist,100);VWWait();
14  }
```

　　图 3.6 展示了将一个红色标记作为目标位置时转弯直行算法的运行结果。因为机器人转弯角度存在误差，因此仿真机器人并没有准确地到达目标点，其实在实际场景下的物理机器人也具有类似问题。利用传感器输入（例如视觉传感器或激光雷达）不断更新机器人同目标点的相对位置可以解决这种问题（可以同第 11 章机器人视觉中的图 11.10 进行比较）。

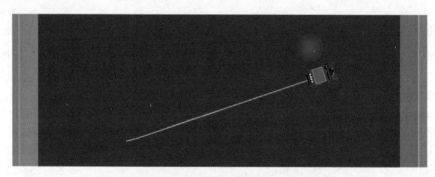

图 3.6　利用转弯直行算法行驶到目标位置

3.4　圆弧行驶算法

　　除了转弯直行算法，还可以根据 A、B 两点之间的距离以及直线 AB 与机器人初始航向角之间的角度差来计算所需的机器人角速度，然后将机器人设置为按照恒定曲率做圆弧运动来到达目标点。

　　和刚才一样，使用 atan2 函数计算目标点同机器人初始位置的相对目标角度，使用勾股定理计算机器人同目标的距离 d。机器人沿圆弧运动的总圆心角 α 可以根据相对目标角度同机器人初始航向角（程序 3.6 中的 phi）的差值计算得到。如图 3.7 所示，形成直角三角形 $\triangle OAC$，$\alpha/2$ 的正弦值为

$$\sin(\alpha/2) = (d/2)/r$$

因此半径 r 的值为

$$r = d/\left[2\sin(\alpha/2)\right]$$

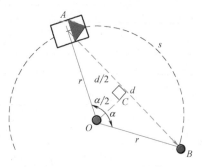

图 3.7　行驶圆弧的计算

运动的圆弧长度为

$$s = r\alpha$$

　　程序 3.6 实现了上述算法。为了确保机器人线速度同角速度可以适配，程序首先利用行驶弧长 s 除以线速度 SPEED 计算得到行驶时间，然后利用圆弧角度除以行驶时间得到角速度 ω，然后调用 VWSetSpeed 函数驱动机器人行驶。

程序 3.6　利用 VWSetSpeed 函数沿圆弧行驶（C）

```
1   #include "eyebot.h"
2   #define GOALX 1000
3   #define GOALY    500
4   #define SPEED    300
5
6   int main()
7   { float goal_angle,alpha,d,r,s,omega;
8     int  x,y,phi, dx,dy;
9
10    goal_angle=atan2(GOALY,GOALX);          // unit is [rad]
11    VWGetPosition(&x,&y,&phi);              // angle in [deg]
12    alpha = goal_angle - phi* M_PI/180;     // relative to rob.
13
14    d = sqrt(GOALX* GOALX + GOALY* GOALY);  // segment length
15    r = d/ (2* sin(alpha/2));               // radius
16    s = r * alpha;                          // arc length
17
18    omega = (alpha *  180/M_PI) / (s/SPEED); //angle/time
19    VWSetSpeed(SPEED,round(omega));
20
21    do
22    {OSWait(100);
```

```
23        VWGetPosition(&x,&y,&phi);
24        dx = GOALX-x;        dy = GOALY-y;
25     } while (sqrt(dx* dx + dy* dy) > 100);
26  VWSetSpeed(0,0);// stop robot
27  }
```

　　程序发出 VWSetSpeed 行驶指令后就不断循环检测机器人同目标的距离，当足够接近目标时，机器人停止运动。

　　上述算法尽管理论上是正确的，但并没有得到很好的运动效果，这是由于仿真和物理机器人中的转向函数都存在误差（以及角度是基于整数而不是浮点数进行计算的）的原因造成的。调用内置函数 VWDrive 是一种更简单、性能更好的解决方案，该函数可以直接驱动机器人沿圆弧行驶。程序 3.7 给出了利用 VWDrive 函数实现同样功能的代码，图 3.8 为执行结果。

程序 3.7　利用 VWDrive 实现圆弧运动（C）

```
1   int main()
2   { VWDrive(GOALX,GOALY,SPEED);
3   VWWait();
4   }
```

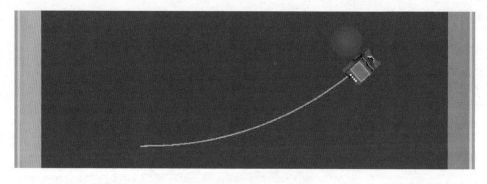

图 3.8　机器人沿圆弧行驶

3.5　追踪曲线行驶算法

　　如果机器人保持恒定速度并在开始时按照原始方向沿直线行驶，但后续每一步都修正自身同目标的相对角度，那么最终会得到一个曲率在每个迭代步骤中都会发生变化的连续运动曲线。一般来说，狗在追逐目标时也遵循这一原则，因此产生的运动路径通常称为"追踪曲线"（dog curve），其算法也非常简单，如程序 3.8 所示。

程序 3.8　机器人追踪曲线运动算法（C）

```
1   #include "eyebot.h"
2   #define GOALX 1000
3   #define GOALY  500
4
5   int main()
6   { float diff_angle,goal_angle,goal_dist;
7     int   steer=0,x,y,phi,   dx,dy;
8
9     do
10    {VWGetPosition(&x,&y,&phi);
11      dx=GOALX-x;   dy =GOALY-y;
12      goal_dist = sqrt(dx* dx +dy* dy);
13      goal_angle = atan2(dy,dx) * 180/M_PI;
14      diff_angle = goal_angle - phi;
15      if(diff_angle>  5)steer++;
16        else if (diff_angle < -5)steer--;
17          else steer =0;
18      VWSetSpeed(100,steer/2);
19      OSWait(100);
20    } while (goal_dist >100);
21  VWSetSpeed(0,0);          // stop robot
22  }
```

和从前一样，目标坐标（GOALX，GOALY）是利用目标点相对于机器人初始位置的偏移量给出的，在 do-while 循环中，（dx，dy）为机器人当前位置同目标位置的偏移量，利用（dx，dy）可以计算得到机器人同目标的实时相对距离和角度。利用目标角度同机器人当前航向角之间的差值按照如下简单方式来确定机器人所需的角速度 ω：

1）如果差值大于 5°，则增加角速度 ω；

2）如果差值小于 -5°，则减少角速度 ω；

3）如果差值为 -5°~5°，则将角速度 ω 设置为 0。

有了上述角速度值，就可以用线速度 v 和计算得到的角速度 ω 作为参数调用 VWSetSpeed 函数，当机器人同目标点的距离大于 100mm 时，持续循环，否则机器人停止运动，程序终止。图 3.9 显示了机器人的追踪曲线。

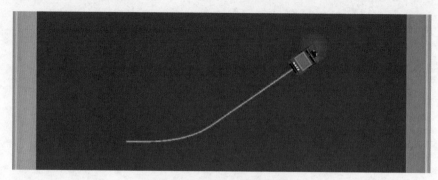

图 3.9　追踪曲线行驶轨迹

3.6　样条曲线行驶算法

三次样条曲线是一种更加复杂的从 A 到 B 的行驶算法，但该算法提供了前述算法都无法实现的功能，样条曲线可以使机器人以指定角度到达目标点，也就是机器人可以以指定位姿到达目标点。这对于许多机器人运动程序来说非常重要，例如，在机器人足球比赛中，我们希望机器人能够从一个可以将球踢向对方球门的角度接近足球。

Hermite 曲线利用从 0 到 1 不断变化的参数 u 按照以下四个基函数 $H_1 \sim H_4$ 得到（维基百科 2019）[3]：

$$H_1(u) = 2u^3 - 3u^2 + 1$$
$$H_2(u) = -2u^3 + 3u^2$$
$$H_3(u) = u^3 - 2u^2 + u$$
$$H_4(u) = u^3 - u^2$$

基函数的图形如图 3.10 所示。从图中可以看出，H_1 从 1 逐渐减小到 0，而 H_2 则相反。H_3 和 H_4 的取值都从 0 开始和至 0 结束，在 u 值相同时，H_3 和 H_4 的值符号相反。

假设机器人在起始点 A 处的位姿$^{\ominus}$为 $[0, 0, 0]$，在目标点 B 的位姿为 $[x, y, \alpha]$，将路径长度设置为欧几里得距离乘以比例因子 k：

$$len = k\sqrt{x^2 + y^2}$$

据此可以把起点和终点坐标初始化为 a_x、a_y、b_x、b_y，并将其缩放后的切向量设置为 Da_x、Da_y、Db_x、Db_y。对于任意点 p 及角度 α，经过缩放后的单位切向量为：

$\ominus$ 位姿结合了对象的位置和方向。机器人在 2D 空间中运动时的位姿包括坐标 x 和 y 以及方向角 α。

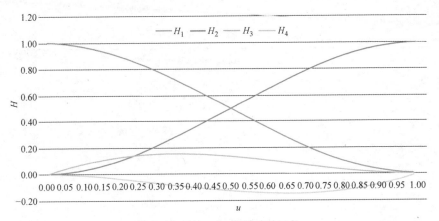

图 3.10　Hermite 曲线的基函数

$$Dp_x = \text{len} \times \cos(\alpha)$$
$$Dp_y = \text{len} \times \sin(\alpha)$$

假设机器人在起始位置 A 的局部方向始终为 $0°$（$\cos 0 = 1$，$\sin 0 = 0$），起始切向量则为（len，0）：

起始点：$a_x = 0$，$a_y = 0$，$Da_x = \text{len}$，$Da_y = 0$

目标点：$b_x = x$，$b_y = y$，$Db_x = \text{len} \times \cos\alpha$，$Db_y = \text{len} \times \sin\alpha$

根据如下两个方程，令参数 u 的取值在 $[0, 1]$ 内连续变化，就可以迭代获得样条曲线的所有中间点坐标：

$$s_x(u) = H_1(u)a_x + H_2(u)b_x + H_3(u)Da_x + H_4(u)Db_x$$
$$s_y(u) = H_1(u)a_y + H_2(u)b_y + H_3(u)Da_y + H_4(u)Db_y$$

利用电子表格应用程序可以把生成的点坐标绘制成如图 3.11 所示的曲线，比例因子 k 越大，样条曲线同 A 和 B 之间直线的偏离就越远。

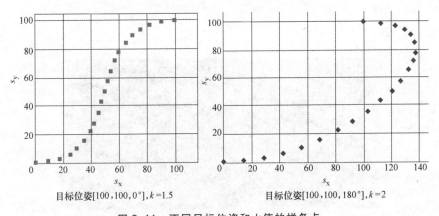

目标位姿[100,100,0°]，$k = 1.5$　　　　目标位姿[100,100,180°]，$k = 2$

图 3.11　不同目标位姿和 k 值的样条点

样条曲线中间点的产生直接根据上述定义完成，程序 3.9 用 C 语言给出了具体的实现代码。

程序 3.9　样条点生成（C）

```
1  for (float u=0.0; u<=1.0;u+=INTERVAL)//[0..1]

2  {u2 = u* u;   u3 = u2* u;

3

4    h1 = 2* u3 - 3* u2 +1;

5    h2 = - 2* u3 +3* u2;

6    h3 =   u3 - 2* u2 +u;

7    h4 =   u3 -   u2;

8

9    sx = ax* h1 + bx* h2 + Dax* h3 + Dbx* h4;

10   sy = ay* h1 + by* h2 + Day* h3 + Dby* h4;

11 }
```

为了让机器人沿着生成的样条曲线行驶，我们使用机器人当前航向角（利用其定位函数 VWGetPosition 读取）与所需航向角（利用上一个样条点和当前样条点之间的连线计算得到）之间的差值作为机器人的转向角，然后通过调用 VWCurve 函数控制机器人沿样条曲线中间点精确分段行驶（参见程序 3.10）。

程序 3.10　样条曲线行驶程序（C）

```
1  sphi = round(atan2(sy-lasty, sx-lastx) * 180.0/M_PI);

2  VWGetPosition(&rx,&ry,&rphi);

3  VWCurve(DIST,sphi-rphi, SPEED);

4  VWWait();

5  lastx=sx; lasty=sy;
```

图 3.12 展示了目标位姿为［1450，650，0°］时，机器人沿样条曲线的行驶轨迹。

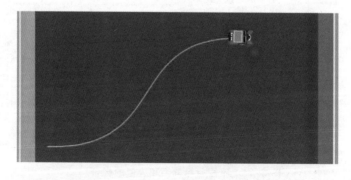

图 3.12　机器人沿样条曲线的行驶轨迹

3.7 本章任务

1）编写一个 SIM 脚本启动三个不同的机器人程序。机器人 1 左右运动，从一个目标运动到另一个目标并返回，机器人 2 沿中线上下运动，机器人 3 从左上角开始随机运动。所有机器人在遇到障碍物或其他机器人时都应停止并后退。

2）更改 SIM 脚本，使三个机器人都运行相同的可执行程序。将原来三个程序整合成一个程序，通过调用 OSMachineID 函数来决定每个机器人所执行的程序。

3）完成样条行驶程序，使程序以任意机器人目标位姿 $[x, y, \alpha]$ 作为命令行参数，增加其灵活性。

4）改进本章中所有 $A—B$ 的运动控制程序，在每个迭代步骤中都使用传感器位置检测得到的坐标来替换固定坐标。

参考文献

[1] E. Ackerman，*Robot Roomba 560 vs.* Neato XV-11，IEEE Spectrum，June 2010，https：// spectrum. ieee. org/automaton/robotics/home-robots/irobot-roomba-560-vs-neato-xv11

[2] E. Ackerman，Review：*Neato BotVac Connected*，IEEE Spectrum，May 2016，https：//spec- trum. ieee. org/automaton/robotics/home-robots/review-neato-botvac-connected

[3] Wikipedia，*Cubic Hermite spline*，2019，en. wikipedia. org/wiki/Cubic_Hermite_spline

第 4 章

激光雷达传感器

激光雷达的英文单词为 Lidar，它是 light detection and ranging（光感测距）的缩写。激光雷达传感器具有一个或多个旋转激光束，每旋转一周可生成数千个距离值，每秒可以旋转多圈。典型的汽车激光雷达传感器具有 8 个、16 个或 32 个独立的光束，多线激光可以更好地生成 3D 环境。

来自激光雷达传感器的距离数据比来自摄像机的距离数据更容易处理，这是因为激光雷达直接提供了距离信息，而图像数据则需要根据立体图像或运动序列进行复杂的计算才能提取出距离信息。无人驾驶汽车 Waymo（其前身为 Google X）等大多数无人驾驶车辆都安装了激光雷达传感器。但激光雷达传感器非常昂贵，即便用于机器人的单光束激光雷达也要花费数千美元，而多光束汽车激光雷达的成本则高达 10 万美元。

高质量激光雷达传感器通过测量每个反射光束的飞行时间来计算空间距离，由于是光束传播，需要高性能的计时电路，因此其价格高昂。仅用于单点测距的激光雷达通常使用较为简单并且成本低廉的折射位移技术实现，它通常作为建筑行业的电子测距设备。

4.1 激光雷达扫描数据

将 S4 型机器人放置在一个带内拐角的方形环境中，默认情况下 S4 型机器人上的激光雷达会从机器人正后方开始沿顺时针进行 360°的扫描。图 4.1 展示了激光雷达同机器人的相对安装角度及扫描范围。S4 配备的激光雷达扫描一周会生成 360 个距离值，因此分辨率为 1°。

对 LIDARGet 函数进行调用就可以获得激光雷达的扫描数据，程序 4.1 可以在 LCD 显示屏上对测量得到的 360 个距离值进行可视化。对于每一个距离值，显示屏上都会有一条相应长度（按比例因子 10 缩小）的蓝线与之对应，显示屏从左到右

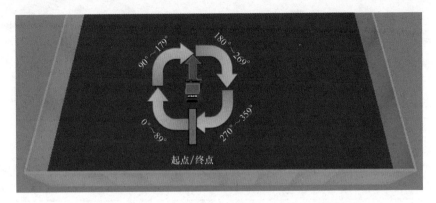

图 4.1 激光雷达同机器人的相对安装角度及扫描范围

绘制了 360 条线段，其 x 轴像素坐标的范围为 $0 \sim 359$。其图像底部的 y 轴像素坐标为 250，这样设置可以使屏幕留出一定的空间用于输入按钮和输出数据的显示。图 4.2 显示了激光雷达扫描数据的可视化。

程序 4.1 激光雷达扫描数据获取及显示（C）

```
1   #include "eyebot.h"
2
3   int main()
4   { int i, scan[360];
5
6     do
7     {LCDClear();
8       LCDMenu("SCAN","","","END");
9       LIDARGet(scan);
10      for (i=0; i<360; i++)
11        LCDLine(i,250-scan[i]/10,i,250, BLUE);
12    } while (KEYGet() ! = KEY4);
13  }
```

图 4.2 激光雷达扫描数据的可视化

为进一步提高图形的可读性，还可以在图形的90°、180°和270°等特定位置添加不同颜色的标记线，如程序4.2所示。为了便于对应方向，我们将标记线变换为相对于机器人正前方的角度，分别为-90°、0°和+90°。可以将程序4.2的代码插入程序4.1的while循环后面来实现该功能。

程序4.2　显示数据标记线和文本的代码（C）

```
1    LCDLine(180,0, 180,250, RED);        // straight(0°)
2    LCDLine( 90,0,  90,250, GREEN);      //left   (-90°)
3    LCDLine(270,0, 270,250, GREEN);      //right  (+90°)
4    LCDSetPrintf(19,0,"     -90      0      +90");
```

图4.3显示了机器人LCD显示屏上的输出结果，在图中可以看到大致在-120°、-30°、+10°、+70°和+110°处出现了五个局部峰值，这五个峰值分别对应五个向外的场地拐角，大约在+30°位置的局部最小值则为向内的场地拐角。

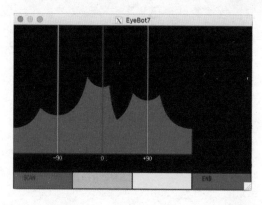

图4.3　激光雷达扫描数据在LCD显示屏上的输出

程序4.3用Python实现了同样的功能。注意：Python程序在循环开始时需要检查按键是否被按下。

程序4.3　激光雷达扫描数据获取及显示（Python）

```
1    from eye import*
2
3    LCDMenu("SCAN","","","END")
4    while KEYGet() ! = KEY4:
5      LCDClear()
6      LCDMenu("SCAN","","","END")
7      scan =LIDARGet()
8      for i in range(90,270):
9        LCDLine(i,250-int(scan[i]/10),i,250, BLUE)
```

4.2　拐角和障碍物

本节展示了多个激光雷达扫描图例。在图4.4中，正方形场地的中心放置了一个机器人，激光雷达扫描结果图显示为四个高度相同且分布均匀的峰值，其每个峰值对应场地的一个拐角。

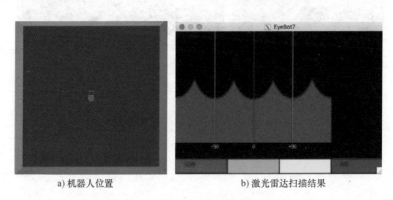

a) 机器人位置　　　　　　　　　　b) 激光雷达扫描结果

图4.4　机器人在中心时激光雷达扫描结果图

如图4.5所示，将机器人放置在同一环境的左下角，虽然仍会得到同拐角对应的四个局部峰值，但由于机器人激光雷达同每个拐角的距离和相对角度发生变化，所以扫描结果图中显示的峰值高度有所不同，而且在图中横坐标方向上每个峰值也不再等距。

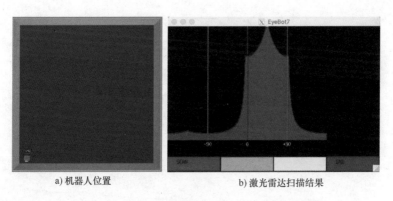

a) 机器人位置　　　　　　　　　　b) 激光雷达扫描结果

图4.5　机器人在左下角时激光雷达扫描结果图

将机器人放回正方形场地中间并在两边各放一个汽水瓶，则会得到如图4.6所示的扫描图像，汽水瓶在径向挡住了瓶后的所有信息，从图4.6a中可清楚地看到汽水瓶对激光的阻挡情况，与之对应，LCD显示屏上的图形如图4.6b所示会明显存在两个切口。

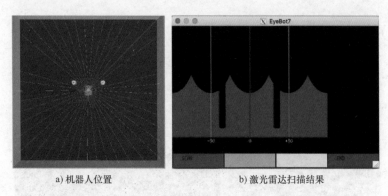

a) 机器人位置　　　　　　　　　b) 激光雷达扫描结果

图 4.6　机器人两侧放汽水瓶时激光雷达扫描结果图

4.3　本章任务

1）设计一个简易行驶环境的 .wld 文件并将其几何模型存储在机器人中。

2）编写一个激光雷达程序，将激光雷达扫描图像与存储的环境信息相匹配，找到并标记所有可能的机器人位置（和方向）。

3）让机器人四处行驶（例如跟随墙壁或随机行驶），根据最新得到的激光雷达数据排除越来越多的可能位置/方向，直到剩余一个正确的位置/方向。

第5章

机器人集群

前面章节中曾经展示过如何使多个机器人以相同或不同的控制程序在同一环境中运行的设置方法，但机器人数量非常多时，前面章节所述的在 SIM 脚本中为每个机器人都编写一条语句就会变得非常烦琐。有鉴于此，本章引入了一种机器人的集群表示方法，它通过在 maze 格式的环境文件中使用一个占位字符然后同 SIM 脚本进行匹配来实现多个机器人的设置。

5.1 集群的建立

如图 5.1 所示，对 maze 格式的环境文件进行设置，利用字符 a 作为占位符，按照 4×4 矩阵形式排列。

程序 5.1 中的 SIM 脚本使用了上述环境文件并在每个占位符 a 处都放置了一个 S4 型机器人，因为机器人位置已经在环境文件中给出，所以脚本中就不再需要指定机器人的位置坐标 (x, y)。如果不指定初始方向，那么所有机器人都会随机选择一个方向。脚本语句的最后一个参数指定了所有机器人都执行相同的程序 simple. x。图 5.2 显示了 16 个相同机器人的最终放置情况。

```
| a   a   a   a |
|                |
| a   a   a   a |
|                |
| a   a   a   a |
|                |
| a   a   a   a |
```

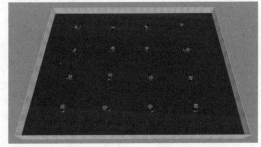

图 5.1 放置 16 个相同机器人的 maze 环境文件

图 5.2 环境中布置 16 个相同机器人的仿真结果

程序 5.1　集群机器人环境 SIM 脚本

```
1   # Environment
2   world bots16.maz
3
4   # robotname x y phi
5   S4   a simple.x
```

在图 5.3 给出的环境文件示例中，由于要使用不同类型的机器人，因此在 maze 环境文件中使用了四个不同的占位符：a、b、c 和 d。

程序 5.2 是上述环境文件的 SIM 脚本，程序首先使用 robot 构造语句将四个新的非标准机器人加载到环境中。后面就可以像使用预定义类型一样使用它们的名称，所有 a 占位符都变成 Cubot，所有 b 占位符都变成 Cubot-r，依此类推。由于脚本中没有给出机器人的方向，所以机器人起始方向为随机值。和上一个例子一样，所有机器人都执行一个相同的程序。图 5.4 显示了 Eye-Sim 中的显示结果。

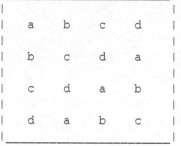

图 5.3　四种类型 16 个机器人的 maze 环境文件

程序 5.2　四类机器人的环境配置程序

```
1    #Environment
2    world bots4x4.maz
3
4    # robot definitions
5    robot../../robots/Differential/Cubot.robi
6    robot../../robots/Differential/Cubot-r.robi
7    robot../../robots/Differential/Cubot-b.robi
8    robot../../robots/Differential/Cubot-y.robi
9
10   # robotname placeholder executable
11   Cubot     a simple.x
12   Cubot-r   b simple.x
13   Cubot-b   c simple.x
14   Cubot-y   d simple.x
```

使用程序 5.3 中的 SIM 脚本就可以把机器人设置为一个固定初始方向，它将多个 S4 和 LabBot 机器人放置在同一环境中，所有 S4 机器人（占位符为 l）都向左（方向为 180°），所有 LabBot 机器人（占位符为 r）都向右（方向为 0°）。

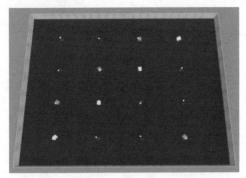

图 5.4 四种类型 16 个机器人的仿真结果

程序 5.3 "五人制"机器人足球比赛的环境配置程序

```
1   #Environment
2   world soccer5-5.maz
3
4   # robotname x y phi
5   S4       1 180 swarm.x
6   Labbotr     0 swarm.x
```

机器人的数量和自身位置由图 5.5 所示的环境配置文件确定，从图中可以看到，我们把 S4 型机器人和 LabBot 型机器人放置在五人制机器人足球比赛场地中进行对抗，中间的占位符 o 将被转换为一个高尔夫球，它的尺寸正好适合这种小型机器人足球联赛。图 5.6 显示了 EyeSim 中的仿真结果。

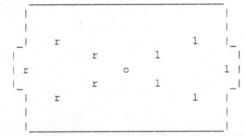

图 5.5 "五人制"机器人足球比赛的环境配置文件

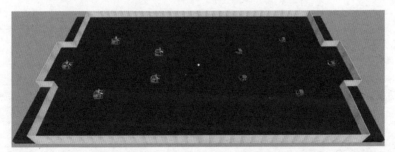

图 5.6 "五人制"机器人足球比赛环境的仿真结果

5.2　机器人跟随

　　集群机器人的一个典型应用是集群跟随运动。我们让领航机器人执行自身行驶程序，然后专注于研究跟随机器人的运动模式。程序 5.4 中的 SIM 脚本将 LabBot 定义为领航机器人，将 S4 SoccerBot 定义为跟随机器人。对于领航机器人来说，只需要执行一条设置曲线速度的程序即可（程序 5.5）。

程序 5.4　设置领航和跟随机器人的 SIM 脚本程序

```
1    # # Environment
2    world Field.wld
3
4    #robots
5    Labbot  2000  500  0    leader.py
6    S4       500  500  0    follower.x
```

程序 5.5　领航机器人执行的程序（Python）

```
1    from eye import*
2    VWSetSpeed(300,15)
```

　　如程序 5.6 所示，跟随机器人的程序采用 C 语言编写，跟随机器人使用激光雷达而非 PSD 来确定领航机器人的位置。利用 LIDARGet 指令（默认）在机器人周围进行 360° 扫描测量并将测量结果存储在 scan 数组中，然后使用一个循环程序就可以找到最小距离对应的角度，由于激光雷达的 0° 方向是机器人的正后方，而激光雷达的 180° 方向是机器人的正前方，因此需用 180° 减去上述角度值才可以变换为控制机器人所需的角度，后续在 VWSetSpeed 指令中设置角速度时需要使用变换后的角度值。

程序 5.6　跟随机器人执行的程序（C）

```
1    include "eyebot.h"
2
3    int main()
4    { int i,min_pos,scan[360];
5      while (KEYRead()! =KEY4)
6      {LCDClear();
7       LCDMenu("","","","END");
8       LIDARGet(scan);
9       min_pos =0;
10      for (i=0; i<360; i++)
11        if (scan[i] < scan[min_pos]) min_pos = i;
```

```
12    VWSetSpeed(300,180-min_pos);
13    OSWait(100); // 0.1sec
14    }
15  }
```

由于每条行驶指令都需要一定的执行时间，为了避免下一条指令覆盖正在执行的指令，所以采用 OSWait 语句将程序执行频率降低为 10Hz。

图 5.7 和图 5.8 展示了跟随机器人跟随领航机器人的过程。有关集群机器人和机器人交互的更多信息见参考文献［1］（Wind, Sawodny, Bräunl 2018）。

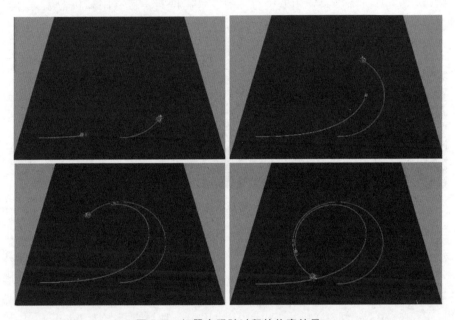

图 5.7 机器人跟随过程的仿真结果

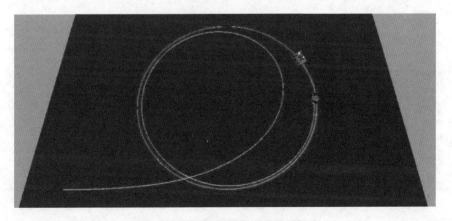

图 5.8 领航-跟随机器人的最终状态

5.3　多机器人跟随

如果领航机器人被多个机器人跟随，则会变得更加复杂。在这种情况下，就必须考虑跟随机器人如何找到领航机器人。具体可以通过以下方法实现。

1）无线通信：领航机器人将其当前位置数据不断发送给所有跟随机器人。

2）颜色或形状编码：领航机器人具有跟随机器人可识别的独特颜色（或形状）。

3）机器人具有高度差：领航机器人的自身高度高于所有跟随机器人，可以被倾斜放置的或放置在机器人上方的激光雷达检测到。

本书利用机器人的高度差实现领航机器人的识别，如图 5.9 所示。

图 5.9　利用高度差进行检测

跟随机器人的激光雷达位于自身顶部而且只能检测到领航机器人，这种情况只适合仿真环境，在物理机器人上激光雷达则需稍微向上倾斜，以消除对其他跟随者激光雷达的干扰。激光雷达倾斜放置会导致扫描范围减小为 180°，并且还会限制对领航机器人的检测范围，此处将忽略这一点。

在程序 5.7 所示的 SIM 脚本程序中，使用了一种新型机器人 lidarbot，该机器人具有符合要求的特定激光雷达放置方式，如果需要，还可以在运动场景中添加一些障碍物，例如

Can 5000 1400 0

程序 5.7　自定义机器人类型的环境文件

```
1  ## Environment
2  world field.wld
3  settings VIS
4
5  robot lidarbot.robi
6  ...
```

机器人的 Robi 描述文件中包含对激光雷达进行设置的部分，因此我们必须为程序定义一个称之为 lidarbot 的专属机器人。如程序 5.8 所示，描述文件 lidarbot.robi

中包含激光雷达同机器人的相对位置等信息，其中 (x, y, z) 为激光雷达相对于机器人中心的位置坐标，本例为 (0, 0, 100)，也就是激光雷达放置在机器人中心上方 100mm 处。这样激光雷达就扫描不到自身和其他 S4 型机器人，但会检测到领航机器人 LabBot 的顶部手柄。扫描范围设置为 180°（以机器人前方为中心）并采集 180 个数据点，角度分辨率为 1°。

程序 5.8　机器人描述文件中激光雷达的定义语句

```
1   # lidar pos relative to robot centre
2   # x y z [mm],rotation x y z[°]
3   #angular range[1,360],tilt angle[-90,+90],data pts
4   lidar  0 0 100  0 0 0  180 10 180
```

此外还需要 PSD 来避免与其他机器人发生碰撞。为此，我们定义了四个新的 PSD，它们分别指向和机器人正前方左右夹角分别为 25° 和 45° 的方向，如程序 5.9 和图 5.10 所示。

程序 5.9　机器人描述文件中 PSD 的定义语句

```
1   #"psd" id,name,pos.to rob-center (right,front,up)[mm]
2   #R,U,F axis rotations in deg[clockwise is positive]
3   psd 1 PSD_FRONT      0    60    30    0    0     0
4   psd 2 PSD_LEFT      45    60    30    0    0   -90
5   psd 3 PSD_RIGHT    -45    60    30    0    0    90
6   psd 4 PSD_BACK       0   -60    30    0    0  -180
7   psd 5 PSD_FL         0    60    30    0    0   -45
8   psd 6 PSD_FR         0    60    30    0    0    45
9   psd 7 PSD_FFL        0    60    30    0    0   -25
10  psd 8 PSD_FFR        0    60    30    0    0    25
```

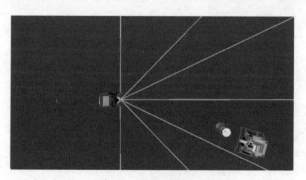

图 5.10　附加防撞 PSD

继续使用同上一节类似的 Python 程序使领航机器人直接运动（程序 5.10），然后在程序 5.11 所示的 SIM 脚本程序中将五个跟随机器人放在领航机器人后面。

程序 5.10　机器人原地旋转控制程序（Python）

```
1  from eye import*
2  VWSetSpeed(300,0)
```

程序 5.11　设置机器人的 SIM 脚本程序

```
1  ## robots
2  Labbot   2500 1200 0  leader-straight.py
3  LIDARBOT 1500 1500 0  follower.x
4  LIDARBOT 1500 1200 0  follower.x
5  LIDARBOT 1500  900 0  follower.x
6  LIDARBOT  500 1400 0  follower.x
7  LIDARBOT  500 1000 0  follower.x
```

程序 5.12 为跟随机器人的核心代码，它由一个 while 循环组成，程序首先使用函数 LIDARGet 扫描机器人前方 180°范围，然后找出最小距离值，该最小值将出现在领航机器人的手柄方向。变量 min_pos 用来存储领航机器人的相对方向。同之前的单个跟随场景类似，程序还使用 LCDLine 函数将激光雷达图像绘制到屏幕上。

程序 5.12　跟随机器人控制算法（C）

```
1   while (KEYRead()! =KEY4)
2   {LCDClear();
3    LIDARGet(scan);
4    min_pos =0;
5    for (i=0; i<SCANSIZE;i++)
6    {if (scan[i] < scan[min_pos]) min_pos=i;
7    LCDLine(i,250-scan[i]/100, i,250,BLUE);
8    }
9    F  =PSDGet(PSD_FRONT);
10   L  =PSDGet(PSD_LEFT);R  =PSDGet(PSD_RIGHT);
11   FL=PSDGet(PSD_FL);   FR=PSDGet(PSD_FR);
12   FFL=PSDGet(PSD_FFL);   FFR=PSDGet(PSD_FFR);
13   if (F<SAFE) VWSetSpeed(0, -90);
14     else if (L<SAFE ||FL<SAFE ||FFL<SAFE)
15          VWSetSpeed(150, -20);
16      else if (R<SAFE ||FR<SAFE ||FFR<SAFE)
17          VWSetSpeed(150,+20);
18   else VWSetSpeed(300,90 -min_pos);
19   OSWait(200); // 0.2 sec
20   }
```

while 循环的后半部分为碰撞检测代码，它实现了自身是否同领航机器人、其他跟随机器人或墙壁发生碰撞的检测功能。本例使用 PSD 完成碰撞检测，当然也可以使用第二个位置较低或倾斜放置的激光雷达来完成该检测。如前所述，我们在标准方向（前、左、右和后）的基础上添加了额外四个 PSD 以提高碰撞检测的鲁棒性。程序在读取每个 PSD 值后按照如下方式确定新的行驶方向和速度：

1）如果机器人离障碍物太近，则原地旋转。

2）如果左侧或右侧（90°、45°或25°）有障碍物，则降低速度并沿相反方向曲线行驶，避开障碍物。

3）如果无障碍物，则沿直线全速驶向领航机器人。

图 5.11 所示为跟随机器人激光雷达扫描图像，在图中可以看到一个明显的缺口，该缺口代表了领航机器人 LabBot 的顶部手柄（该手柄比所有 S4 跟随机器人都要高）。缺口方向就是跟随机器人运动的目标方向。当然还必须考虑 PSD 数据以避免与其他跟随机器人或领航机器人发生碰撞。

图 5.12 展示了五个跟随机器人的运动过程。行驶环境右侧的蓝色墙壁可防止机器人从桌子（虚拟）上掉下来。最后如图

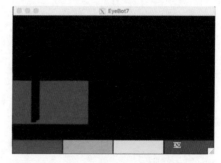

图 5.11　跟随机器人激光雷达扫描图像

5.13 所示，领航机器人在墙壁前停止后，跟随机器人既要避免碰撞，又要试图靠近领航机器人，因此会进行随机往复运动。

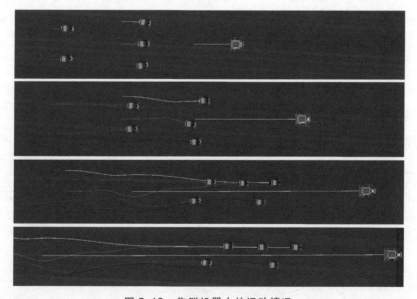

图 5.12　集群机器人的运动情况

图 5.13 墙壁附近跟随机器人的状态

5.4 本章任务

1）扩展跟随程序，使跟随机器人的行驶速度大于领航机器人，使用激光雷达和 PSD 保持安全距离并防止碰撞，改变领航机器人的行驶模式，检验跟随机器人是否成功实现跟随。

2）在行驶路径上添加障碍物，让领航机器人避开障碍物，跟随机器人也必须避开所有障碍，但仍然继续保持跟随。

3）在每个跟随机器人的顶部都使用倾斜放置的激光雷达。

参考文献

［1］ H. Wind，O. Sawodny，T. Bräunl，*Investigation of Formation Control Approaches Considering the Ability of a Mobile Robot*，Intl. Journal of Robotics and Automation，June 2018.

第6章

沿墙行驶

沿墙行驶是机器人复杂运动的基础，它不仅涉及机器人的防撞，还涉及机器人对周围环境和自身行驶方向的检测。本章使用机器人的三个 PSD 来测量同前方、左侧和右侧墙壁的距离来实现沿墙行驶算法。虽然激光雷达能够提供更多的距离数据但考虑到激光雷达成本较高，所以本章仅使用红外 PSD 来完成此任务。

6.1 沿墙行驶算法

由于这个算法的具体实现比较复杂，因此下面首先给出了该算法的执行流程。假设机器人在一个带有直墙和直拐角的矩形区域内行驶。

1）机器人初始位置位于场地中间，方向随机朝向墙壁，机器人不了解前方的任何环境信息，它首先直行，直到遇到墙壁才停下来。

2）机器人进行转向，直到自身平行于墙壁，并使墙壁位于前进方向的左侧。

然后重复以下两个步骤：

1）机器人与墙壁保持特定距离继续行驶，并在左侧 PSD 的帮助下不断更新其行驶曲线。

2）当机器人遇到第一个拐角时（由前部 PSD 检测），转弯 90°。

如果运动不出问题，机器人行驶轨迹会如图 6.1 所示，但是正确执行这些步骤中的每一个环节都绝非易事。接下来对上述步骤进行逐一分析。

第 1 步：利用函数 VWSetSpeed 指定机器人的线速度为 x、角速度为 0，实现直线行驶。通过读取前部 PSD 的距离信息

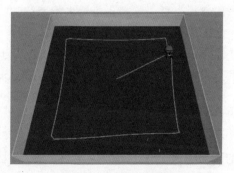

图 6.1　理想行驶轨迹

判断是否停止。

第 2 步：正确计算机器人相对于墙壁的方向是本步骤的关键。使用函数 VWTurn 和 VWWait 执行后续的旋转。

从图 6.2 中可以看到，来自前方和右侧 PSD（图 6.2a）或前方和左侧 PSD（图 6.2b）的距离信息可用于确定机器人的旋转角度（具体由接近角确定）。由于左、右两侧 PSD 同前方 PSD 的夹角都为 90°，所以可以使用反正切函数来计算 α。在程序代码中使用 atan2 函数计算 α，该函数分别使用 y 和 x 而不是两

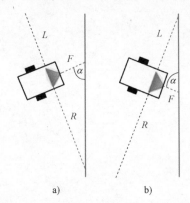

L>R 时，$\alpha = \arctan(R/F)$ L<R 时，$\alpha = \arctan(L/F)$

图 6.2　机器人同墙壁夹角的确定方式

者的商作为参数，因此可以确保角度结果对所有输入值都是唯一的。

显而易见，上述计算方法并非在所有情况下都适用，如果机器人正好位于场地墙壁的正中间，这时 $L=R$，应该怎么办？更糟糕的是如果机器人离角落太近，使 L 和 R 测量到的是两个不同墙壁距离时该怎么办？对于这些特殊情况，在程序中需要进行专门的处理。

第 3 步：沿墙直行到下一个拐角，虽然这一步看起来与第 1 步非常相似，但事实并非如此。只有在步骤 2 中将机器人与墙壁完全对齐、墙壁完全笔直且机器人完全按照直线行驶时才能直接沿墙直行到下一个拐角，但由于现实世界总会存在一些误差和噪声，因此也需要进行额外的处理。

这可以通过持续检测机器人左侧 PSD 到墙壁距离，并利用该数据来不断校正机器人行驶的路径来实现。另外还需注意，如果机器人不垂直于墙壁，PSD 测量得到的 L 值可能会大于机器人同墙壁的实际距离 d，如图 6.3 所示。

行驶过程中对 L 再进行一次测量就可以确定机器人同墙壁的实际夹角和距离，这些实际角度和距离信息可用于校正机器人沿墙行驶的角度。

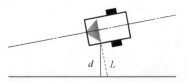

图 6.3　实际距离 d 与测量距离 L

如果机器人前进方向和被跟踪墙壁的夹角很小，并且前方 PSD 发出的红外线不会与被跟踪的墙壁相交，那么同步骤 1 类似，前方 PSD 就可以用于检测下一个拐角。

第 4 步：虽然使用 VWTurn 函数可以使机器人旋转 90°，但由于实际墙壁拐角可能不是精确的 90°，而且机器人到达拐角时可能并不会和墙壁完全对齐，因此为了提高程序的鲁棒性，建议在机器人转向过程中将机器人与前方墙壁是否具有足够的距离（使 PSD_FRONT 测得的距离达到恒定值）来作为是否停止转向的判定条件。

此方法虽然在大多数情况下都有效，但如果环境中存在其他障碍物或机器人，则可能无法成功。对于这些特殊情况，在程序中也要进行专门的处理。

6.2 简易沿墙行驶程序

程序 6.1 给出了一个可以在较为简单的环境中实现机器人沿墙行驶的简化算法，该示例算法远非完美，其主函数内只包含一个重复执行行驶和转弯的无限循环。

程序 6.1 简易沿墙行驶程序 （C）

```
1   #include "eyebot.h"
2   #define SAFE  250
3
4   void drive()
5   { do { if (PSDGet(PSD_LEFT)<SAFE) VWSetSpeed(200, -3);
6          else VWSetSpeed(200, +3); // turn right or left
7          OSWait(50);
8        } while (PSDGet(PSD_FRONT)>SAFE);  // next corner
9   }

10
11  void turn()
12  { VWSetSpeed(0, -100);
13    while (PSDGet(PSD_FRONT) < 2* PSDGet(PSD_LEFT))
14      OSWait(50);
15  }

16
17  int main()
18  { while(1)
19    { drive(); turn(); }
20  }
```

程序 6.1 中采用了相同的直线行驶策略来实现算法流程的第 1 步和第 3 步，采用相同的转弯策略来实现算法流程的第 2 步和第 4 步。

程序 6.1 中的沿墙行驶功能主要由 drive 函数实现。当左侧 PSD 的测量值小于安全距离时，就驱动机器人轻微向右转向（角速度为-3），否则就向左转向（角速度为+3）。因此在实际运行过程中，机器人永远都不会沿直线行驶。循环体内 OSWait 函数的作用是限制 VWSetSpeed 函数的更新频率，确保每次测量后都能产生一定的转向效果。前方 PSD 的测量值可以作为停止沿墙跟踪的判定条件。本函数不会尝试计算机器人与墙壁的实际距离。机器人沿墙行驶的轨迹是一条略微弯曲的曲线。

为了节省代码，程序同样利用 drive 函数将机器人从初始位置驱动到第一面墙附近。从图 6.4 中的运动轨迹可以看到，虽然机器人从初始位置到达墙壁的轨迹略微弯曲，但也同样实现了算法流程的第 1 步。

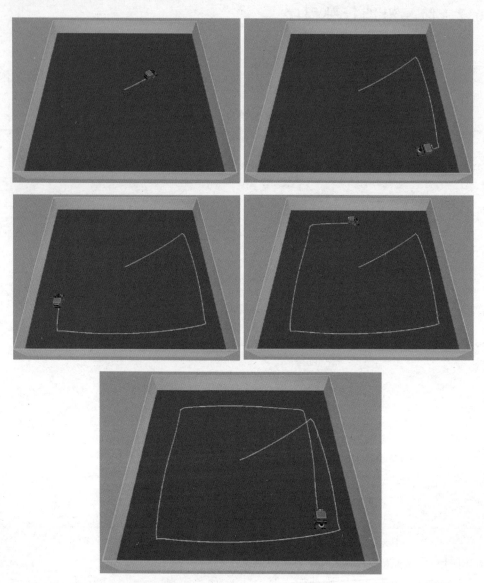

图 6.4　墙壁跟踪程序的执行结果

turn 函数的实现则更为简单，首先使用 VWSetSpeed 驱动机器人旋转，直至机器人前方有足够的空间才停止旋转，具体判定条件为机器人与前方墙壁的距离（前方 PSD 的测量值）是否小于所跟随墙壁距离（左侧 PSD 的测量值）的两倍。本函数同样调用了 OSWait 来限制循环执行的频率。请注意，这些函数在终止时都不会停止机器人的运动［例如，通过使用 VWSetSpeed（0，0）停止运动］。他们只是假设下一个要执行的函数会将机器人的速度更改为所需的速度。

该示例算法其实并不完美，它能否成功使机器人实现沿墙行驶主要取决于行驶环境。该示例算法在几乎所有情况、所有初始位置以及所有初始方向上都表现不佳。如本章开头所述，应进行大幅改进才能确保程序的鲁棒性和环境适应性。尽管如此，对于一个只有十多行代码的程序来说，其性能还是不错的。

6.3 本章任务

1）按照沿墙行驶算法的步骤1~步骤4，重新编写沿墙行驶程序，提高程序的鲁棒性。

2）创建一个更加复杂的行驶环境（例如使环境中包含角落、拐角并非都为90°直角、弯曲墙壁等），编写程序使其仍然能够完成沿墙行驶功能。

3）扩展沿墙行驶程序，使机器人能够实现3.1节中所述智能扫地机器人的"剪草机行驶模式"。

第 7 章

其他驱动方式

截至目前，本书介绍的所有机器人均采用两个独立车轮进行差速驱动，该方式仅利用车轮旋转速度差而无须额外的转向机构就可以实现转向，因此大多数移动机器人都会采用这种结构简单的驱动方式。但在有些应用场景，这种结构就不再适用，本章将对阿克曼转向驱动、全方位驱动、履带驱动等方式进行介绍。

7.1 阿克曼转向

汽车通常只有一个发动机，其动力通过差速器分配到驱动车轮（两个后轮、两个前轮或四驱车中的四个车轮）。虽然这种结构使驱动系统的动力得到了保障并且在弯道行驶时可以避免打滑和轮胎磨损，但这种驱动方式只能使汽车向前或向后行驶，因此还需要一个独立的转向机构通过改变汽车前轮的方向来进行转向，这种转向机构称为阿克曼转向机构。目前无论是后轮驱动、前轮驱动还是四轮驱动的汽车都采用了这种转向方式。

同真实汽车类似，大多数汽车模型也都采用了阿克曼转向结构，因此只需简单修改就可以作为无人驾驶的实验平台。正如第 1 章所述，只需将车模连接到树莓派控制器，通过 USB 移动电源为控制器供电，利用控制器输出两路 PWM（脉宽调制）信号，一路用于控制转向角，另一路用于控制驱动电动机的速度，利用树莓派摄像头或者 USB 激光雷达（例如 Hokuyo URG-04LX-UG01）作为传感器，就可以制作一个无人驾驶汽车模型，如图 7.1 所示。但由于激光雷达价格昂贵，即使单线激光雷达也不便宜，因此激光雷达可能不适用于所有项目。

模型车与控制器的物理连接方式决定了可以使用哪些驱动命令。如果使用车模内置的电动机控制器，驱动系统则只需要一个 PWM 信号，这通过 RoBIOS 中提供的 SERVO 命令就可以实现。如果驱动电动机由 EyeBot7 I/O 板进行控制，则需要使用 MOTOR 命令（本章采用该方式）。转向电动机始终需要 PWM 信号进行控制，

图 7.1 带有嵌入式控制器、摄像机和激光雷达的车模

该信号由 RoBIOS 中的 SERVO 命令生成。

　　程序 7.1 中的代码将电动机驱动和转向命令组合在一个函数中，代码假设驱动电动机连接到 EyeBot7 I/O 板上的电动机控制端口 1，转向舵机连接到 EyeBot7 I/O 板上的伺服输出端口 1。如果需要两路 PWM 信号，则可以连接到伺服输出端口 1 和 2。在 RoBIOS 库中，MOTORDrive 速度参数的取值范围为 [-100，+100]，速度参数设置为 0 时电动机停止，-100 时为最大反转速度，100 时为最大正转速度。SERVOSet 函数第二个参数的取值范围为 0~255，其中 0 代表舵机的最左侧位置，127 为中间位置（直行），255 是最右侧位置。

程序 7.1 行驶和转向子程序（C）

```
1   void Mdrive(int drive, int steer)
2   { MOTORDrive(1,drive);
3   SERVOSet      (1,steer);
4   }
```

　　如果改造车模时没有使用 EyeBot7 I/O 控制板，那么利用树莓派的两个 I/O 端口就可以直接驱动电动机和转向舵机。在这种情况下，建议使用 WiringPi 库函数提供的指令来完成控制（Wiring Pi 2019）[1]。

　　接下来可以使用程序 7.1 中的子函数来简化主程序（程序 7.2）。每个驱动指令后的 OSWait 语句将使驱动指令运行 4s，这样可以避免当前指令没有执行就立即进入下一条指令。

程序 7.2 运动控制主程序（C）

```
1   int main()
2   {Mdrive("Forward",        60,127);  OSWait(4000);
```

```
3    Mdrive("Backward",   -60,127);  OSWait(4000);
4    Mdrive("LeftCurve",   60,  0);  OSWait(2000);
5    Mdrive("Right Curve", 60,255);  OSWait(2000);
6    Mdrive("Stop",         0,  0);
7    return0;
8  }
```

图 7.2a 为机器人运动轨迹的鸟瞰图，图 7.2b 显示了阿克曼转向车模的结构配置。阿克曼转向车模不能实现原地转弯，它会存在一个最小转弯半径的限制。

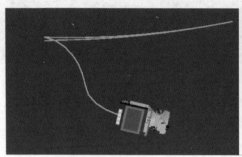 

a) 机器人运动轨迹鸟瞰图   b) 阿克曼转向车模的结构配置

图 7.2 带有阿克曼转向机构的机器人

7.2 全方位驱动

差速驱动底盘可以向前/向后行驶，也可以沿曲线行驶，还可以原地转弯，但不能侧向行驶。阿克曼转向底盘会受到最小转弯半径的限制不能原地转弯。如果机器人底盘能够做到在任意给定方向上都能运动则非常具有使用价值。

市面上有些底盘结构已经可以做到全方位移动，最具有代表性的就是配置了麦克纳姆轮（Mecanum）的机器人底盘。麦克纳姆轮是一种非常复杂的机械车轮组件，它通过车轮同地面接触力的矢量合成来实现运动。使用 3 个或 4 个独立驱动的麦克纳姆轮就可以构建出一个能够实现全方位运动和原地转弯的底盘结构。

麦克纳姆轮是由瑞典工程师 Bengt Ilon 发明的，并在美国（US3876255，1972 年提交/1975 年授予）和德国（DE2354404，1973/1974 年）获得了专利。如图 7.3a 所示，Omni-1 机器人就是利用这种轮子设计制造的。

麦克纳姆轮的轮毂四周带有多个可以自由旋转的辊子，这些辊子由销钉固定在轮毂上。辊子外表和地面接触，辊子轴和车轮轴的空间夹角为 45°，左前轮和右后轮上的辊子与行驶方向呈-45°布置，右前轮和左后轮的辊子与行驶方向呈+45°布置。这些镜像布局的轮子在物理结构上彼此不同，不能通过直接旋转来相互转化。

a) Omni-1型机器人   b) Omni-2型机器人

图 7.3 用麦克纳姆轮设计制造的机器人

如图 7.4 所示，这种轮子能够实现全方位运动的奥妙在于将轮子的旋转力分解为沿辊子旋转轴的力（红色）和垂直于辊子旋转轴的力（蓝色）。通过辊子的自由移动，蓝色力将被消除，因此只剩下 ±45° 的红色力。

将四个麦克纳姆轮安装在底盘上，如图 7.5 所示，就可以对其运动进行如下分析。

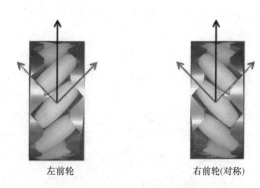

左前轮   右前轮(对称)

图 7.4 左前和右前麦克纳姆轮上的力

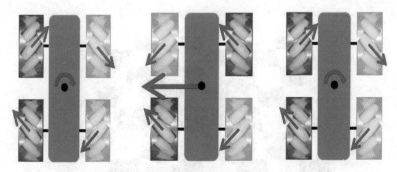

图 7.5 麦克纳姆轮底盘的全向运动原理

1）如果四个车轮均向前转动，则底盘向前运动。

2）如果左前轮和右后轮向后转动，其他两个车轮向前转动，前进方向的力就会被抵消，底盘会向左侧运动。

3）如果右前轮和右后轮向后转动，其他两轮向前转动，则底盘绕中心顺时针旋转。

通过调节四个车轮的速度，就可以使底盘实现全方位运动。具体计算方法和运动学公式请参见参考文献［2］（Bräunl 2008）。

由于小辊子表面仅在轮毂外圈略微突出，因此这种车轮仅适用于混凝土或木材等硬地板，而不适用于软质地面。美国海军随后对其进行了改进设计，完全取消了轮毂外圈。该设计利用每个辊子的中间作为固定位置，这样可以使麦克纳姆轮适用于更柔软的地面。书中的 Omni-2 型机器人是按照

a) Omni-2型   b) Omni-1型

图 7.6　两种不同结构形式的麦克纳姆轮

这种改进型轮子进行设计制造的，如图 7.3b 和图 7.6a 所示。

接下来将一个预定义的 Omni 机器人放在棋盘环境中，以便于更好地查看其运动方式（程序 7.3 为 SIM 脚本，图 7.7 为运行环境截图）。

程序 7.3　Omni 机器人的 SIM 脚本

```
1   #Environment
2   world../../worlds/small/Chess.wld
3
4   # Robot placement
5   Omni 600 600 0 omni-drive.x
```

图 7.7　棋盘环境中的 Omni-1 型机器人

程序 7.4 给出了 Mecanum 底盘基本运动控制的 C 语言代码，该程序非常简单，仅为四个轮子分别设置了一个速度，Python 的代码与 C 语言代码基本相同。

程序 7.4 Mecanum 底盘运动控制程序（C）

```
1   #include "eyebot.h"
2   void Mdrive(char* txt, int FLeft, intFRight,
3                          int BLeft, intBRight)
4   { LCDPrintf("% s\n",txt);
5     MOTORDrive(1,FLeft);
6     MOTORDrive(2,FRight);
7     MOTORDrive(3,BLeft);
8     MOTORDrive(4,BRight);
9     OSWait(2000);
10  }
11
12  int main()
13  {Mdrive("Forward",       60, 60, 60, 60);
14   Mdrive("Backward",    -60, -60, -60, -60);
15   Mdrive("Left",        -60, 60, 60, -60);
16   Mdrive("Right",         60, -60, -60, 60);
17   Mdrive("Left45",         0, 60, 60, 0);
18   Mdrive("Right45",       60, 0, 0, 60);
19   Mdrive("Turn Spot L",-60,60,-60,60);
20   Mdrive("Turn Spot R",60,-60,60,-60);
21   Mdrive("Stop",          0,  0,  0,  0);
22   return0;
23  }
```

7.3 三维复杂环境中的运动

　　许多移动机器人只能在平面上运动，但实际应用往往需要机器人在不平坦的地面，甚至任意三维复杂地形环境中运动。用于复杂环境的机器人的机械结构可能相对简单，但其挑战主要存在于传感器和软件方面，复杂地形环境中的路径规划需要从 2D 算法过渡到 3D 算法。

　　以下给出了在 EyeSim 模拟环境中进行 3D 地形行驶的几个示例。程序 7.5 首先给出了构建具有 3D 信息环境文件的方法，其 SIM 脚本程序同样非常简单，它使用了一个名为 Blizzard 的新机器人，该机器人利用履带进行驱动，它是一辆基于现实生活中雪地货车进行改装的模型，稍后会给出其实际行驶控制程序。

程序 7.5　定义 3D 地形的 SIM 脚本程序

```
1  #Environment
2  world../../worlds/aquatic/crater.wld
3
4  #Robot
5  robot../../robots/Chains/Blizzard.robi
6  Blizzard 400 400    0 terrain.x
```

火山口三维地形 .wld 文件遵循之前采用和扩展的 Saphira 文件格式，它可以将 3D 环境输入到 EyeSim 模拟器中。程序 7.6 为 crater.wld 文件的具体内容，它指定了三维地形环境在 x、y 和 z 方向的尺寸大小，环境中每个位置的相对高度都由 crater.png 中的灰度图确定，图像灰度值越大，则代表地形高度越高，因此可以把取值范围在 [0，255] 的像素灰度映射到 [0，1000] 的高度上。此外，我们还定义了水平面基准高度（在本例中为 200）。这种定义方式会在第 8 章中的水下机器人上使用。在本例中，它只是在火山口三维地形上造成了水坑的效果。

程序 7.6　三维地形 .wld 文件以及水平面基准高度的定义

```
1  terrain 5000 5000 1000../heightmap/crater.png
2  water_level 200
```

用于生成 3D 地形的 png 图像文件 crater.png 仅为一张灰度图，如图 7.8 所示。图像的每个像素都被转换为它在 3D 空间中表示的点的地形高度。具体细节可以在 EyeSim 说明文档中找到。图 7.9 显示了 Blizzard 机器人在火山口周围行驶的截图。

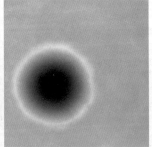

a) Blizzard雪地卡车　　　　　b) 火山口图形文件

图 7.8　Blizzard 雪地卡车以及火山口图形文件　　　　图 7.9　Blizzard 机器人
接近充满水的火山口

如果想创建一个机器人可以轻松上下坡的三维环境，其 SIM 脚本如程序 7.7所示。

程序 7.7　定义 3D 环境的 SIM 脚本程序

```
1    #Environment
2    world../../worlds/aquatic/levels-steel.wld
3
4    # robotname x y phi
5    LabBot 1000 1000     0 terrain.x
```

程序 7.8 利用高度图（图 7.10a）的图形文件 steps.png 定义了一个三维环境。采用钢铁纹理进行显示，如图 7.10b 所示，该纹理将在整个环境中铺开。

程序 7.8　具有高度和纹理的环境 .wld 文件

```
1    floor_texture../texture/steel.png
2    terrain 4000 4000 200../heightmap/steps.png
```

任何图形编辑器都可以用来创建高度图文件，即使是幻灯片演示文件也可以创建。在图 7.10a 所示的高度图中，黑色是地面层，白色是最高层。实际高度数值在 .wld 文件中指定（程序 7.8 中为 200mm）。由图 7.10a 可见，我们创建了一个向上的斜坡（从暗到亮）、一个水平的高地（白色）和一个向下的斜坡（从亮到暗），所有这些都在一个被高墙（白色）包围的方形区域中。

a) 高度图　　　　　　　　　　b) 钢铁纹理

c) 木材纹理

图 7.10　高度图和纹理效果

只需替换 .wld 文件（程序 7.8）中的第一行即可更改纹理信息，例如使用图 7.10c 所示的木材纹理。图 7.11a 显示了钢铁纹理效果的 3D 环境，LabBot 试图在坡道周围寻找路径。图 7.11b 显示了机器人车载摄像头的第一视角视图，图 7.11c 显示了木材纹理环境的第一视角效果。

a) 钢铁纹理效果的3D环境   c) 木材纹理环境的第一视角效果

图 7.11　带有纹理信息的机器人三维地形环境示例

7.4　本章任务

1）编写一个程序，控制阿克曼式机器人从位置（0，0）行驶至指定坐标（x，y）。分别按如下方式完成：

① 先旋转，再行驶。

② 沿圆周行驶。

③ 沿着"追踪曲线"行驶。

④ 沿着 Hermite 样条曲线行驶。

2）扩展控制程序，使机器人到达目标位置（x，y）时具有特定的姿态。

3）编写一个程序，驱动 Omni 机器人无须转动就可以沿正方形轨迹行驶。

4）编写一个软件界面，计算 Omni 机器人做任意运动时每个车轮的对应速度。

5）编写一个程序，让 Omni 机器人沿直线行驶，同时不断绕自身旋转。

6）编写一个程序，使履带式机器人行驶至山脉的最高点。机器人应始终沿最大梯度方向行驶。使用 PSD 或激光雷达并创建一个适当的地形陡度，以便机器人能够正确行驶。

7）编写一个程序，让机器人在本章所示的斜坡上行驶。额外添加指向下方的 PSD 以检测悬崖并防止机器人跌落。

参考文献

［1］ Wiring Pi-GPIO Interface library for the Raspberry Pi, 2019, http：//wiringpi.com

［2］ T. Bräunl, *Embedded Robotics-Mobile Robot Design and Applications with Embedded Systems*, 3rd Ed., Springer-Verlag, Heidelberg, Berlin, 2008

第 8 章

自主水下机器人和无人船

自主水下机器人（automous underwater vehicles，AUV）和无人船，因具有巨大的商业应用潜力而成为机器人研究的重要领域，近年来笔者设计制造了多个自主水下机器人并在近期组装了一艘自主太阳能无人船。

8.1　自主水下机器人和无人船的机械结构

图 8.1 是笔者设计的第一台自主水下机器人 Mako（Bräunl et al. 2004）[1]，该 AUV 带有四个推进器：两个水平推进器通过差速模式驱动 AUV 前进、后退和转向，两个垂直推进器（前后）可以驱动机器人下潜。AUV 本身具备浮力，因此如果两个下潜电动机停止运行，AUV 就会浮出水面。

图 8.1　自主水下机器人 Mako

图 8.2 为太阳能无人船的结构形式，该无人船采用筏形设计，所有电子设备和备用电池都放置于防水管内，防水管上装有功率为 100W 的太阳能电池板。两个推进电动机通过差速模式驱动无人船运动和转向。

图 8.2　筏形太阳能无人船

8.2　自主水下机器人的配置

EyeSim 中包含了用于模拟 AUV 和无人船的所有流体动力学方程，第 7 章 7.3 节也已经给出了三维地形环境的配置方式。由 7.3 节可知，通过指定一张高度图就可以构建出海底（或河床）结构，通过指定水平面基准高度就可以设置水深。同第 7 章创建充满水的火山口的地形环境类似，我们可以通过选择高于水平面基准高度的地形来创建海洋和岛屿混合环境。

选择 Mako AUV 并将其放入水池环境内（程序 8.1），水池环境配置文件如程序 8.2 所示。

程序 8.1　配置 AUV 的 SIM 脚本程序

```
1  #Environment
2  world ../../worlds/aquatic/pool.wld
3
4  # Load custom robot
5  robot ../../robots/Submarines/mako.robi
6
7  # Robot position (x, y, phi) and executable
8  Mako 12500 5000 0 mako-dive.x
```

程序 8.2　水池环境配置文件

```
1  floor_texture ../texture/rough-blue.jpg
2
3  terrain 25000 50000 2000 ../heightmap/olympic-pool.png
4  water_level 1900
```

高度图（图 8.3a）是一个非常基本的图形文件，它只包含两种颜色：整个水池区域为黑色（高度为 0），周围有一堵白墙（高度为 255，此处为 2m）。水池底部的纹理配置文件为 olympic-pool.png（图 8.3b），该图是一种结构化的水彩纹理，它可以仿真出水中涟漪的效果。

a) 高度图

b) 纹理

图 8.3　水池高度图和纹理

环境配置文件（程序 8.2）中的地形参数指定了 x、y 的尺寸以及最大地形高度，对于本例，水池周围墙壁的高度为 2000mm。环境配置文件的第 4 行将水平面基准高度设置为 1900mm，因此水平面高度会比池壁低 100mm。图 8.4 显示了自主水下机器人 Mako 在水池中的效果，左上插图为 Mako 所携带的摄像机拍摄的水下实时图像。

图 8.4　水池环境下的 Mako 及水下实时图像

8.3　水下机器人的潜水控制

程序 8.3 中仅使用了 Mako 的两个下潜推进器，而没有使用安装在侧面的两个用于前进/后退/转弯运动的差速驱动推进器。

通过菜单按钮 KEY1、KEY2 和 KEY3，用户可以开启、停止或中断 Mako 的下潜。这几个按键会分别开启、停止或反转水下机器人的下潜推进器。按下按钮 KEY4 将终止程序运行。

程序 8.3　Mako 的下潜控制程序（C）

```
1   #include "eyebot.h"
2
3   #define LEFT     1       // Thruster IDs
4   #define FRONT    2
5   #define RIGHT    3
6   #define BACK     4
```

```
 7  #define PSD_DOWN6     // new PSD direction
 8
 9  void dive(int speed)
10  { MOTORDrive(FRONT, speed);
11    MOTORDrive(BACK, speed);
12  }
```

```
13
14  int main()
15  { BYTE img[QVGA_SIZE];
16    char key;
17
18    LCDMenu("DIVE", "STOP", "UP", "END");
19    CAMInit(QVGA);
20    do { LCDSetPrintf(19,0, "Dist to Ground:% 6d\n",
21                           PSDGet(PSD_DOWN));
22        CAMGet(img);
23        LCDImage(img);
24
25        switch(key=KEYRead())
26        { case KEY1:dive(-100);  break;
27          case KEY2:dive(   0);  break;
28          case KEY3:dive(+100);  break;
29        }
30    } while (key ! = KEY4);
31    return 0;
32  }
```

8.4　水下机器人的运动控制

　　只需对下潜控制程序略微修改就可以实现 Mako 的运动控制，程序 8.4 中的 drive 函数仅包含两个参数，分别为左、右推进器电动机的速度。主程序中的 switch 语句实现了控制按键同机器人前进、左转和右转运动的关联。只需指定左、右推进器电动机速度就可以完成这些运动。对于本例，速度值+100、−100、0 分别表示全速前进、全速后退和停止，在−100~+100 的范围内取值可以对 AUV 的运动进行微调。

程序 8.4　Mako 的前进、左转和右转控制程序

```
1  void drive(int l_speed, int r_speed)
2  {MOTORDrive(LEFT,  l_speed);
3    MOTORDrive(RIGHT,r_speed);
4  }

5
6  int main()
7  { LCDMenu("FORWARD", "LEFT","RIGHT", "END");
8  ...
9       switch(key=KEYRead())
10      { case KEY1:drive(100,  100);  break;
11        case KEY2:drive(-100, 100);  break;
12        case KEY3: drive( 100,-100);  break;
13      }
14  ...
15  }
```

8.5　本章任务

1）编写一个 AUV 控制程序，沿着水池边进行沿墙跟踪。

2）编写一个 AUV 控制程序，扫描整个水池区域（或给定海底区域）并自动生成深度图。

3）将摄像头方向更改为向下，然后编写一个 AUV 控制程序，在水池或海底搜索特定的对象，例如，搜索特定颜色的物体。

参考文献

[1]　T. Bräunl, A. Boeing, L. Gonzales, A. Koestler, M. Nguyen, J. Petitt, *The Autonomous Underwater Vehicle Initiative-Project Mako*, 2004 IEEE Conference on Robotics, Automation, and Mechatronics (IEEE-RAM), Dec. 2004, Singapore, pp. 446-451 (6).

第 9 章

迷宫探索

迷宫探索无论单纯作为一个智力游戏，还是机器人竞赛的主题，都具有很强的趣味性。对于机器人迷宫探索竞赛，强烈建议在使用真实机器人实验前利用仿真器来模拟解决迷宫问题，这样可以大幅减少软件开发和调试的时间。如果模拟机器人和真实机器人之间的行为差异（虚拟-现实差距）足够小，那么模拟和现实之间就可以做到无缝过渡。

迷宫还是一个很好的机器人算法检验平台，"神奇的电脑鼠迷宫竞赛"（Amazing micromouse maze contest）是移动机器人最早的比赛之一，迷宫如图 9.1 所示，该比赛于 1977 年 5 月在 IEEE Spectrum 上首次提出并几经更迭，于 1979 年在纽约市举行了第一次决赛（Allan 1979）[1]。

图 9.1　1986 年伦敦和芝加哥电脑鼠竞赛的迷宫

9.1　电脑鼠

多年来电脑鼠迷宫竞赛一直是计算机工程专业学生的标志性机器人竞赛项目，

最早的电脑鼠迷宫竞赛可以追溯到 1977 年，时至今日该比赛仍在举行。

电脑鼠迷宫竞赛的规则非常简单：将机器人放在迷宫左下角的起始单元格中，使其自动寻找中央目标单元格，从起始点到达目标点速度最快的机器人获胜。机器人在开始时并不知道最短路径，所以它首先需要进行迷宫探索然后再规划最佳路线。每个机器人的参赛时长为 10min，每当机器人返回至起始单元格时，都会重新启动一个计时器，计时器只显示时间最短的探索循环[2]。

完整的迷宫由 16×16 个单元组成，每个单元的大小为 18cm×18cm。所有迷宫墙壁的高度都为 5cm，厚度为 1.2cm。

参赛团队会使用各种方法来赢得比赛。第一台电脑鼠是一个没有使用微控制器的纯机电式机器人，该机器人采用的技术称为"靠墙行走"（wall hugging），它总是沿着左侧墙壁行走，这也是安全逃离任何平面迷宫的标准方法。尽管该机器人没有尝试计算最快路径，但它比 1970 年出现的结构更复杂的智能电脑鼠还要快。后来对迷宫比赛规则进行了更改，将迷宫探索目标位置放置在迷宫中间，目标位置与其余部分均没有连接墙，这样的迷宫使用"沿墙行走"算法就不再起作用了。

后来随着传感器技术的发展，从声呐传感器到红外距离传感器，从激光雷达到视觉传感器，甚至允许使用在墙壁上方的"悬臂式"传感器，这样会比其他方法更可靠、更准确地检测墙壁。最后为了使电脑鼠运动得更快，还会对驱动系统和车轮牵引力进行改进。如果你在现场或在线观看过近年来的比赛，电脑鼠的速度一定会让你大吃一惊（YouTube 2017）[3]。

9.2 墙体跟踪

如前所述，持续沿左侧墙壁（或沿右侧墙壁，运行中间不能改变策略）运动可以使机器人找到平面迷宫的出口（出口必须通向平面迷宫的外面），如果入口和出口在同一位置，该方式将使机器人返回到起点。

在 EyeSim 模拟器中使用字符-图形环境文件可以简单快捷地构建一个迷宫环境，如图 9.2 所示，它使用字符 S 作为机器人起始位置的占位符，可以使机器人在起始单元格内自动居中。

使用大写字母进行占位时（例如图中的 S），会自动设定字符下方也存在迷宫墙壁。

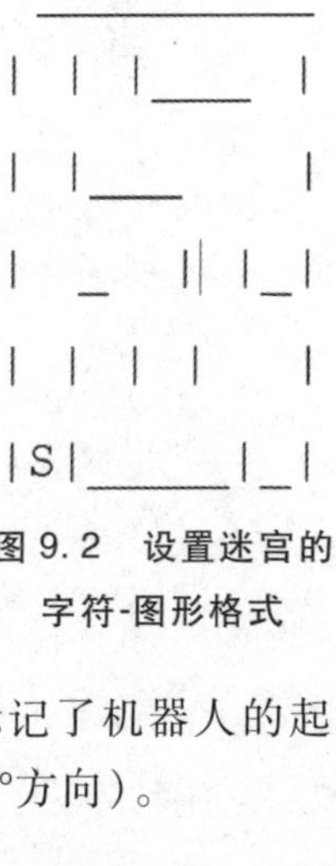

图 9.2 设置迷宫的字符-图形格式

然后可以通过程序 9.1 中的 SIM 脚本程序将迷宫环境（存储为 small.maz 的文本文件）加载到模拟器中。占位符 S 标记了机器人的起始位置，并设定机器人初始前进方向为 90°方向（沿 x 轴向右为 0°方向）。

程序 9.1　迷宫环境的 SIM 脚本程序

```
1  #Environment
2  world small.maz
3
4  #Robot description file using "S" as start position
5  S4 S 90 maze_left.x
```

机器人及迷宫的仿真环境如图 9.3
所示，图中机器人配备有三个标准的
PSD（前、左、右），传感器发出的信
号也被可视化显示为绿色光束。

如程序 9.2 所示，完整的迷宫探索
算法相当简单，如果不包括程序注释和
空行，算法只有十几行代码。在主
while 循环中，第一步首先通过读取相
应 PSD 的值来检查前方、左侧和右侧是
否存在墙壁，通过把传感器的值和设定

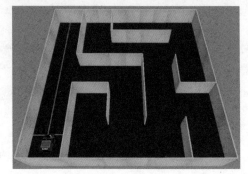

图 9.3　迷宫仿真环境

的阈值进行比较就可以判断墙壁是否存在，1 代表有墙壁，0 代表无墙壁。

第二步是机器人进行转向操作，如果左侧没有墙壁，机器人就会左转。函数
VWTurn 会执行一个给定角度的旋转然后停止。程序在 VWTurn 后使用阻塞函数
VWWait 来阻塞后续程序的执行，以确保先前的转弯运动命令能够执行完毕。如果
没有阻塞函数，程序将会很快进入下一个循环，下一个运动命令将覆盖当前的运动
命令的执行，以致机器人甚至不会开始移动。

程序 9.2　迷宫探索左墙跟踪程序（C）

```
1   #include "eyebot.h"
2   #define THRES 400
3
4   int main()
5   { int Ffree,Lfree,Rfree;
6     LCDMenu("","","","END");
7     do
8     { // 1. Check walls
9       Ffree = PSDGet(PSD_FRONT) >THRES;
10      Lfree = PSDGet(PSD_LEFT)  >THRES;
11      Rfree = PSDGet(PSD_RIGHT)>THRES;
12
13      // 2. Rotations
14      if (Lfree)            { VWTurn(+90, 45); VWWait();}
```

```
15      else if (Ffree)    {  }
16        else if (Rfree) { VWTurn(-90, 45); VWWait();}
17          else           { VWTurn(180, 45); VWWait();}
18
19      // 3.Driving straight 1 square
20      VWStraight(360, 180); VWWait();
21   } while (KEYRead() ! =KEY4);
22   }
```

当左侧有墙壁时，程序首先会进入第一个 else if 分支，本分支会对前方墙壁状态进行检查，如果前方没有墙壁，机器人不需要旋转而继续直行，因此大括号内没有任何语句。左侧和前方都有墙壁时会进入第二个 else if 分支，本分支检查是否可以向右行走。如果可以，机器人执行右转操作（利用函数 VWTurn 向反方向旋转，然后调用 VWWait）。

最后一个 else 意味着机器人左侧、前方和右侧都存在墙壁，这代表机器人进入了死胡同，因此机器人必须旋转 180° 才能再次移动。

第三步操作是机器人向前移动一格。函数 VWStraight 后跟阻塞函数 VWWait 可以实现向前一格运动。线速度和角速度的设置值可以确保机器人在大约两秒内完成一次 ±90° 的旋转或前进一格的操作。另外根据电脑鼠竞赛规则，迷宫格子的边长为 18cm，但是 EyeBot 机器人的尺寸超过了 18cm，因此本书将迷宫格子尺寸扩大为 36cm。

从逻辑上讲这个程序非常清晰明了，机器人会一直沿着左侧墙壁行驶直至到达出口或返回起点，它会按照如图 9.4 所示的路径完成迷宫探索。但实际情况却并非如此！

图 9.5 为仿真器中机器人的实际运动轨迹，由于运动误差的存在，模拟机器人（真实机器人也如此）既不能完全按照直线行驶，也不能完美旋转 90°。微小的行驶误差会不断累积，很快机器人就会与墙壁发生碰撞。车轮旋转累积误差使机器人失去了方向，它将无法从碰撞中恢复正常。

图 9.4　左墙跟踪算法的理论轨迹

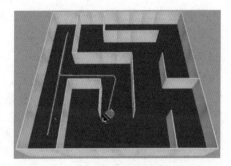

图 9.5　左墙跟踪算法的实际轨迹

9.3 鲁棒性和控制

鲁棒性是考察程序的一个重要指标，在仿真环境中能够正常运行的机器人程序，由于执行器和传感器存在的微小误差，并不一定适用于物理机器人。程序 9.2 只包含行驶指令，但从未检查行驶的结果。接下来需要扩展这个程序，以确保机器人在行驶时能够保持在两侧墙壁之间的中心位置，并在随后的行驶指令中对机器人的转弯误差进行补偿。

程序唯一需要改变的是直线行驶部分（第 3 步），需要采用下述程序来替换掉原来的 VWStraight 和 VWWait 语句，具体方法如下。

1. 行驶正确的距离

（1）限制行驶距离　在每次迭代过程中都使用勾股定理来实时计算行驶距离

$$行驶距离 = \sqrt{(x_2-x_1)^2 + (y_2-y_1)^2}$$

当行驶距离小于 MSIZE（迷宫单元格的边长）时，保持行驶。

（2）前方墙壁检测　当机器人同前方墙壁的距离值达到某最小阈值时，机器人会停止直行。该最小阈值为迷宫单元格边长的一半（MSIZE/2）减去机器人尺寸的一半，大约为 50mm。所以只有在同前方墙壁的距离 $F>$MSIZE/2-50 时才保持继续行驶。

2. 同两侧墙壁保持正确距离

在每次迭代中，都会对左右 PSD 距离值进行测量，具体情况可以分为如下几类：

（1）左侧和右侧都有墙　使机器人精确保持在两个墙壁中间。

（2）左侧有墙，右侧有缺口　利用左侧 PSD 测量的距离值以及迷宫单元格尺寸来调节机器人的位置。

（3）右侧有墙壁，左侧有缺口　同（2）类似，利用右侧 PSD 测量值来调节位置。

（4）左右两边都没有墙　继续保持直线行驶。

程序 9.3 在进入 do-while 循环之前以及每次循环过程中都会使用 VWGetPosition 函数来计算当前的机器人位置坐标。如果左侧 PSD 的测量值 L 在 [100, 180] 的范围内（迷宫格边长为 360mm），那么机器人左侧一定有墙，如果 L 在这个范围之外，就认为存在缺口，该规则同样适用于右侧 PSD 测量值 R。

程序 9.3　带姿态控制的左墙跟踪程序（C）

```
1  VWGetPosition(&x1,&y1,&phi1);
2  do
3  { L=PSDGet(PSD_LEFT); F=PSDGet(PSD_FRONT);
```

```
4    R=PSDGet(PSD_RIGHT);
5    if (100<L && L<180    && 100<R && R<180) // check space
6      VWSetSpeed(SPEED,L-R);    // drive difference curve
7    else if (100<L && L<180)    // space check LEFT
8      VWSetSpeed(SPEED,L-DIST);//drive left if left>DIST
9    else if (100<R&&R<180)    // space check RIGHT
10     VWSetSpeed(SPEED,DIST-R);//drive left if DIST>right
11   else    // no walls for orientation
12     VWSetSpeed(SPEED,0);    // just drive straight
13   VWGetPosition(&x2,&y2,&phi2);
14   drivedist =sqrt(sqr(x2-x1)+sqr(y2-y1));
15 }while (drivedist<MSIZE && F>MSIZE/2-50);//stop in time
```

  if-else 语句的四个分支分别对应两侧有墙、左侧有墙、右侧有墙或两侧无墙的四种情况。在每种情况下，程序都使用 VWSetSpeed 函数来驱动机器人行驶，该函数的两个参数分别为机器人的线速度和角速度，程序 9.3 将线速度设定为恒定值，如果两侧有墙，角速度会根据机器人同左、右墙壁之间的距离差进行计算，如果单侧有墙，则根据目标距离（DIST）和实测距离的差值进行计算。

  如果机器人两侧都有墙，则其最佳状态为左右两侧距离相等。控制算法设定角速度参数值为 $L-R$，这时如果机器人完全在中间，$L=R$，角速度为 0。如果 $L>R$，则 $L-R$ 为正值，因此机器人将向左转弯。如果 $R>L$，则相反。本质上这种转向控制方法为比例控制，也称为 P 控制（Bräunl 2008）[4]。误差越大，控制（转向）输出就越大，实际操作过程中也可以利用比例因子对误差进行缩放，对于本例，只需将比例因子设定为 1 就可以完美地实现所需功能。

  如果只有左侧有墙（第二种情况），程序使用相同的函数，但使用 L-DIST 的值作为角速度的控制输入（DIST 是目标距离）。同理，如果只有右侧有墙（第三种情况），则使用 R-DIST。

  最后（第四种情况），如果两边都没有墙，则继续保持直线行驶。

  如图 9.6 所示，尽管机器人并非每次都精确旋转 90°，但也能出色地完成迷宫

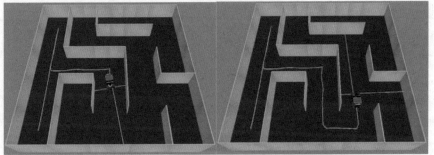

图 9.6 采用比例控制的迷宫探索过程

图 9.6 采用比例控制的迷宫探索过程（续）

探索。从运动轨迹可以看到，在机器人进行姿态修正的过程中会导致自身摆动。可以通过改进控制算法来解决此问题，比如采用 PID 控制器（比例-积分-微分控制）进行控制，或通过使用额外的传感器来解决，例如使用 VWGetPosition 函数从车轮编码器读取机器人的位置变化来获得机器人的位移量。目前程序仅在到达下一个迷宫单元格时使用此方式终止行驶。

9.4 利用激光雷达进行迷宫探索

只使用三个数据点（前方、左侧和右侧的 PSD 值）明显具有很大的局限性，使用激光雷达则会为我们提供数百到数千个点的距离信息。使用激光雷达进行迷宫探索的算法如下：

1）对机器人左侧进行激光雷达扫描，角度为 [45°，135°]。

2）找到最小距离值和对应角度，这样可以确定出角度 α。

3）利用 VWCurve 函数使机器人平行于墙壁行驶。

4）如果机器人靠近前面的墙壁（scan [180] <THRES），则停止行驶并使用 VW-Turn 函数向右旋转 90°，随后使用 VWWait 等待转弯完成。

如图 9.7 所示，按照如下方法可以计算得到机器人的行驶角。首先机器人对其左侧 90°区域进行扫描，扫描角度范围为 [45°，135°]，如图 9.7a 所示。然后就可以确定距离最短的激光束的角度和距离值（如图 9.7b 中的角度 α 和长度 s）。由于最短激光束垂直于墙壁，因此有 $\alpha+\beta=90°$。理想情况下，α 应为 90°，此时 β 等于 0°，

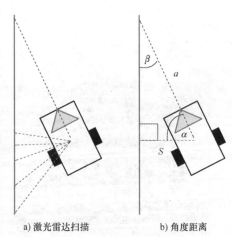

a）激光雷达扫描　　b）角度距离

图 9.7 激光雷达扫描及角度距离示意图

这代表机器人平行于墙壁行驶。如果 α 小于 90°，则机器人正在驶向左侧墙壁，因此需要向右转弯；如果 α 大于 90°，则机器人正在远离左侧墙壁，则需要向左转弯。

需要对以下两个变量进行控制：

1）机器人与墙壁的角度 α。

2）机器人与墙壁的距离 s。

激光雷达的具体测量值如下：

1）与左侧墙壁的最短距离 s。

2）与前方墙壁的距离 a（仅当 $\alpha<90°$ 时）。

接下来通过调用 VWCurve 函数驱动机器人行驶，在调用该函数时其距离和线速度参数均为固定值，角速度参数为控制机器人运动的变量。角速度值通过对 α 和 s 两个变量使用组合比例控制器（P 控制器）计算得到（Bräunl2008）[4]。对于比例控制器，较大的误差将产生较大的输出值，一般使用比例因子 k 进行调节。

1）组合比例控制器的第一项为 $k_1(\alpha-90°)$，用于控制机器人的方向。

如果角度 α 正好为 90°，该控制输入项为零。角度 α 小于 90° 时（机器人朝向墙壁）该输入项为负值，机器人会向右旋转。角度 α 大于 90°（机器人偏离墙壁）则输入项为正值，机器人会向左旋转。

2）组合比例控制器的第二项为 $k_2(s-250mm)$，用于控制机器人同墙壁的距离。

如果机器人同墙壁的距离正好等于目标距离（本例设置为 250mm），该控制输入项为零。如果大于目标距离，该输入项为正，这将使机器人左转。如果机器人离墙壁太近，则该项为负，机器人右转，远离墙壁。

通过实验发现 $k_1=5$，$k_2=0.5$ 时机器人的控制效果较好。寻找最佳比例控制参数的方法见参考文献［5］（Aström，Hägglund 1995）。

激光雷达扫描和驱动机器人行驶的代码如程序 9.4 所示。注意：激光雷达的角度（angle）从机器人正后方顺时针计数（正后方 = 0°，正前方 = 180°），因此 α = 180°-angle。

如图 9.8 所示，我们利用激光雷达扫描数据在 EyeBot LCD 屏幕上生成了一个全局环境地图，该算法设计和程序实现由西澳大学机器人与自动化实验室的 Joel Frewin 完成，本书作者对算法进行了后续修改。

机器人不仅成功穿越了整个迷宫，并基于激光雷达数据同时生成了的迷宫的地图，每个阶段的地图如图 9.8b 所示。直到迷宫探索的四分之三阶段所生成的地图都看起来相当精准，但由于累积漂移误差的存在，机器人的角度估计会随时间不断累积变大并导致映射失败（如图 9.8b 的最后一幅图片所示）。同样的现象也会发生在物理机器人上，该问题是机器人定位和地图构建的最大挑战之一。目前解决这个问题最流行的方法称为"同时定位与地图构建"（simultaneous localization and mapping，SLAM）[（Durrant-Whyte，Bailey 2006）[6]，（Bailey，Durrant-Whyte 2006）[7]]。

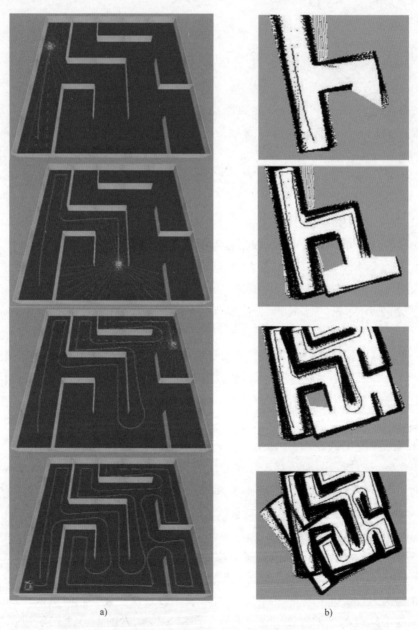

a)

b)

图 9.8　基于激光雷达的迷宫探索及地图构建

程序 9.4 激光雷达迷宫探索程序（C）

```
1    while (KEYRead() ! =KEY4)
2    {LIDARGet(scan);
3      if(scan[180] < 300)     // check for front collision
4        VWTurn(-90,360);VWWait();     // turn right 90°
5      findMin(scan, 45,135, &angle, &s);     // check left
6      printf("min angle % d val % d\n",angle, s);
7      a =180-angle;
8      VWCurve(50, k1* (a-90) + k2* (s-250),SPEED);
9    }
```

9.5 递归探索

对于目标设置在中心且目标单元格没有墙壁同起始单元格直接相连的迷宫，"左墙跟踪算法"就无能为力了，因此必须使用更复杂的方法来探索整个迷宫，而不仅仅是其中一部分。由于预先知道完整的迷宫是由 16×16 个正方形单元组成，所以可以创建一个内部数据结构并标记每个曾访问过的单元。这样就可以判断是否已经探索到了所有的单元格。注意，根据迷宫构造的不同，某些单元格可能会被墙壁完全阻挡，因此永远无法到达。

用于完整探索迷宫的最简单方法是使用递归算法⊖。在到达一个新单元格后，该算法会探索所有的自由方向而非总是沿着左侧墙壁行驶。如图 9.9b 所示，如果机器人来到一个新单元格并且其左侧、前方和右侧都是开放的，那么机器人必须逐一探索这些方向（具体顺序不一定为左、前、右）。

函数 explore 实现了探索迷宫的递归算法，具体逻辑如下。

对于左、前、右三个方向，

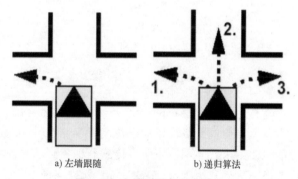

a) 左墙跟随   b) 递归算法

图 9.9 左墙跟随与递归算法

如果方向开放（无墙壁）且之前没有被访问过，则按以下步骤进行：

1）行驶至该方向上的下一单元格。

2）将新单元格标记为已访问。

3）在新单元格递归调用函数 explore。

⊖ 递归算法是一种在当前的函数中调用当前的函数并传给相应的参数的编程方法。

4）按原方向返回先前位置。

图 9.10 中显示了机器人递归探索迷宫的路径。在前两个单元格内，探索方向没有选择，只能前进，例如第二个单元格只有前后方向开放，所以机器人只能通过。第三个单元格是一个用红色圆圈标记的分支点，除了入口点外，它还有前方和右侧两个开放口。此时需要完整探索这两个方向：首先让机器人直行，

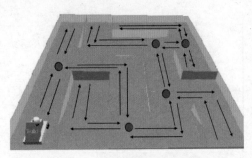

图 9.10　迷宫探索的递归算法

结果是一条死胡同，机器人掉头返回至红色圆圈单元格，探索另一个方向（原始视角下为右），递归算法会使用程序 9.5 中所示的数据结构。

程序 9.5　迷宫探索的递归算法的全局变量声明（C）

```
1   int mark[MAZESIZE][MAZESIZE];           //1=visited
2   int wall[MAZESIZE+1][MAZESIZE+1][2];    //1=wall,0=free
3   int map[MAZESIZE][MAZESIZE];            // distance to goal
4   int nmap[MAZESIZE][MAZESIZE];           //copy
5   int path[MAZESIZE* MAZESIZE];           // shortest path
```

main 函数主要完成以下几个任务：

1）初始化变量。

2）调用 explore 递归函数。

3）让用户选择一个目标单元格。

4）计算从起始单元格到目标单元格的最短路径。

5）以最短路径驶向目标单元格。

6）返回到起点。

程序 9.6 为用 explore 递归函数探索迷宫的第一部分代码，程序首先把机器人所在的当前单元格设置为已访问并存储在 mark 数组内，然后读取三个 PSD 的距离值。使用函数 maze_entry 将传感器探索到的当前单元格的四周墙壁状态存储至 wall 数组，然后利用函数 check_mark 检查当前单元格四个方向上的状态是否都已确定。如果已确定，则代表机器人已知道关于当前单元格的所有信息，在后续探索过程中就不必驶入该单元格，这样可以缩短探索过程。

程序 9.7 为用 explore 递归函数探索迷宫的第二部分，三个并列的 if 语句逐一对前、左、右三个方向进行判断，如果该方向开放并且在该方向上的下一个单元格仍未被探索，则调用函数 go_to 将机器人行驶至下一单元格，随后继续递归调用 explore 函数，然后调用 go_to 函数将机器人退回至当前单元格，这样可以保证机器人一个接一个地探索所有可能的开放方向。

程序 9.6　用递归函数探索迷宫：第一部分（C）

```
1  void explore()
2  {int front_open,left_open,right_open,old_dir;
3
4    mark[rob_y][rob_x]=1;     /* mark current square * /
5    left_open  = PSDGet(PSD_LEFT) >THRES;
6    front_open =PSDGet(PSD_FRONT)>THRES;
7    right_open =PSDGet(PSD_RIGHT)>THRES;
8    maze_entry(rob_x,rob_y,rob_dir,    front_open);
9    maze_entry(rob_x,rob_y,(rob_dir+1)% 4,left_open);
10   maze_entry(rob_x,rob_y,(rob_dir+3)% 4,right_open);
11   check_mark();
12   old_dir =rob_dir;
13   ...
```

程序 9.7　用递归函数探索迷宫：第二部分（C）

```
1  ...
2    if (front_open  && unmarked(rob_y,rob_x,old_dir))
3     {go_to(old_dir);    // go 1 forward
4       explore();      // recursive call
5     go_to(old_dir+2); // go 1 back
6     }
7
8    if (left_open && unmarked(rob_y,rob_x,old_dir+1))
9     { go_to(old_dir+1); // go 1 left
10      explore();       // recursive call
11      go_to(old_dir-1); // go 1 right, (-1 =+3)
12     }
13   if (right_open && unmarked(rob_y,rob_x,old_dir-1))
14    {go_to(old_dir-1);// go 1 right, (-1 =+3)
15      explore();        // recursive call
16    go_to(old_dir+1); // go 1 left
17     }
18  }  // end explore
```

go_to 函数的参数为机器人的目标运动方向，参数取值范围为 [0，1，2，3]，分别代表 [北（上）、西（左）、南（下）、东（右）]。

该函数会计算目标方向同机器人当前方向之间的差值，如果差值不为零，则机器人会转向目标方向（以 90° 的倍数执行所需转向），然后使用程序 9.2 加比例控制的方法驱动机器人向前行驶一个单元格。

程序 9.8 的最后部分会对机器人的位置和方向（rob_x、rob_y、rob_dir）进行更新, 无须使用复杂的公式, 通过调用 xneighbor 和 yneighbor 子程序, 利用 switch 语句分别判断四种不同情况, 就可以更新机器人的当前坐标。

程序 9.8　转向并前进一个单元格（C）

```
1  void go_to(int dir)
2  { int turn;
3    static int cur_x,cur_y,cur_p;
4
5    dir = (dir+4) % 4;        // keep direction in [0,3]
6    turn = dir -rob_dir;
7    if(turn)
8    {VWTurn(turn* 90,ASPEED);VWWait();}
9
10   Controlled_Straight(DIST,SPEED);//P-contr. straight
11   rob_dir = dir;
12   rob_x  = xneighbor(rob_x,rob_dir);
13   rob_y   = yneighbor(rob_y,rob_dir);
14 }
```

为了避免在一个方向上连续旋转 270°, 可以插入程序 9.9 中所示的语句, 这样就可以把 270°转换为相反方向上的 90°旋转。

程序 9.9　避免旋转 270°的代码（C）

```
1  if (turn == +3) turn =-1;    // turn shorter angle
2  if (turn == -3) turn =+1;
```

函数 explore 会驱动机器人穿越迷宫, 同时在其内部数据结构中重现迷宫地图。迷宫结构的地图表示如图 9.11 所示。

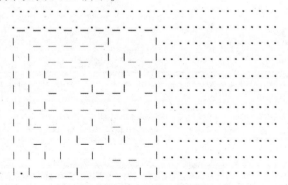

图 9.11　迷宫结构的地图表示

9.6　漫水填充算法

如果用户给定了目标坐标（或目标坐标在电脑鼠比赛中是预定义的），我们就需要弄清楚机器人如何从 S（开始）运动到 G（目标）。通过漫水填充算法可以实现这一目的，该算法可以计算出开始点 S 同每个迷宫单元格的距离步长，其过程可以想象为将水倒入迷宫的起始方块中并查看每个方块需要多长时间变湿。在图 9.12 的示例中，起始单元格初始化为 0 步，其上方单元格需要 1 步到达，下一个单元需要 2 步，接下来有两个需要 3 步到达的单元格，一个位于上方，一个位于右侧，这两个单元格的步长都为 "3"，其余过程依此类推。

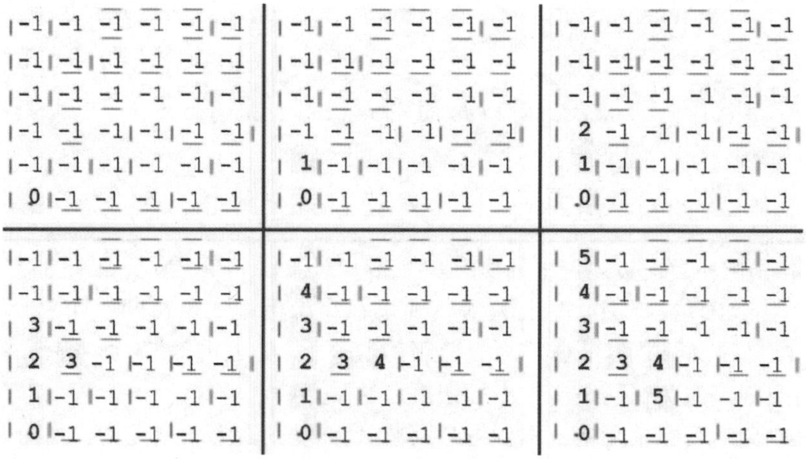

图 9.12　漫水填充算法

程序 9.10 显示了漫水填充算法的核心代码。只要尚未到达目标单元格且循环变量不超过单元格的总数（MAZESIZE2），外部 do-while 循环就会持续调用内部 for 循环，这样就可以生成距离图。

程序 9.10　漫水填充算法（C）

```
1    iter=0;
2
3    do
4    {iter++;
5      for (i=0;i<MAZESIZE;i++) for (j=0;j<MAZESIZE;j++)
6      { if (map[i][j] ==-1)
7        { if(i>0)
8          if(! wall[i][j][0]    && map[i-1][j] ! =-1)
9            nmap[i][j] = map[i-1][j] +1;
```

```
10        if (i<MAZESIZE-1)
11          if (! wall[i+1][j][0]&& map[i+1][j]! =-1)
12          nmap[i][j] = map[i+1][j] + 1;
13        if (j>0)
14          if (! wall[i][j][1]    && map[i][j-1] ! =-1)
15            nmap[i][j] = map[i][j-1] + 1;
16        if (j<MAZESIZE-1)
17          if (! wall[i][j+1][1] && map[i][j+1]! =-1)
18          nmap[i][j] = map[i][j+1] + 1;
19      }
20    }
21
22    for (i=0; i<MAZESIZE;i++) for (j=0;j<MAZESIZE;j++)
23      map[i][j]=nmap[i][j];     // copy back
24 } while ( map[goal_y][goal_x]==-1 && iter < (MAZESIZE* MAZESIZE));
```

内部 for 循环会遍历迷宫中的所有单元格。对于每个单元格，程序都会对其四个方向（上、下、左、右）进行检查。如果存在未标记的可访问邻接单元格（距离值为-1），则将其距离值标记为当前距离值加 1。完成内部 for 循环后，将 nmap 数组进行复制以避免在同一步骤中标记更远的单元格。

最后会到达目标单元格，本例中是距离值为 40 的右上角单元格，如图 9.13 所示。所以，可以得到如下结论：

1）起始单元格同目标单元格是可到达的。

2）从起始单元格到目标的最短路径为 40 步。

但目前还不知道实际路径是什么，接下来会在最后一步解决这个问题。

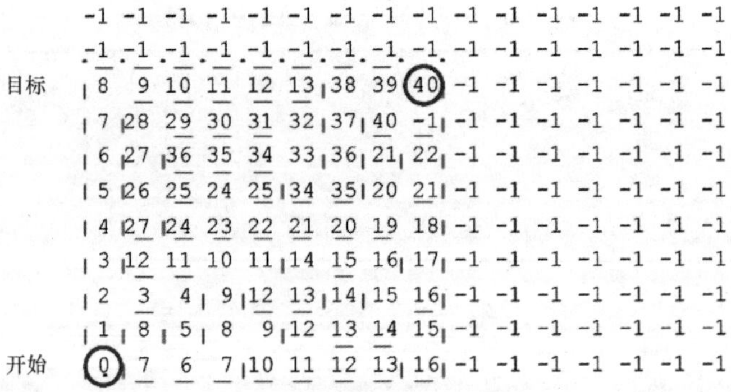

图 9.13　漫水填充算法的步骤

9.7 最短路径

试图从起始单元格找出到达目标单元格的路径是无法实现的，因为在每个分支点都存在多个可能的方向，我们不知道具体应该如何选择。例如，如果按照 0 → 1→2 的顺序开始，那么下一个单元格就无法选择，因为在上方和右侧各有一个距离值为 3 的单元格，这时就迷路了。

从目标单元格向起始单元格回溯是找到最短路径的关键，如图 9.14 所示。如果从距离值为 40 的目标单元格开始，依次寻找与其联通（没有墙壁）并且距离值为 39 的相邻单元格，然后是距离值为 38 的单元格，依此类推，则终将回到起点 0。如果存在需要方向选择的单元格（例如，距离值为 38 的单元格有两个邻接并联通的单元格，其距离值都为 37），那么就会有两条不同的最短路径。在这种情况下，选择哪一个方向并不重要。

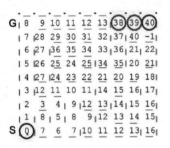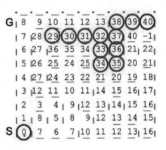

图 9.14 最短路径回溯算法

计算最短路径的函数如程序 9.11 所示，程序利用目标单元格的距离值（本例中为 40）作为递减循环变量的初值，在每一次迭代中，都会检查单元格的四个邻接方向上是否存在一个联通的相邻单元格，满足距离为 k 的要求。

程序 9.11 最短路径算法（C）

```
1   void build_path(int i, int j, int len)
2   { int k;
3
4     for (k = len-1; k>=0;k--)
5     {if(i>0 && ! wall[i][j][0] && map[i-1][j]==k)
6        {i--;   path[k] = 0; /* north* /}
7      else
8        if (i<MAZESIZE-1 && ! wall[i+1][j][0]
9        && map[i+1][j]==k)
10         {i++;  path[k] = 2; /* south * /}
```

```
11        else
12        if (j>0  && ! wall[i][j][1] && map[i][j-1]==k)
13          { j--; path[k] = 3; /* east* /}
14        else
15          if (j<MAZESIZE-1  && ! wall[i][j+1][1]
16          && map[i][j+1] ==k)
17            { j++; path[k] = 1; /* west* /}
18          else LCDPrintf("ERROR");
19   }
20 }
```

经上述计算后，就会得到从目标回到起点的完整路径，接下来只需按照相反的顺序读取路径并控制机器人（程序9.12）行驶即可。如果需要，还可以对此功能进行扩展，使机器人达到目标单元格后再按照原路径返回至起点。

程序 9.12　路径重建算法（C）

```
1 void drive_path(int len)
2 { int i;
3   for (i=0;i<len;i++)    go_to(path[i]);
4 }
```

机器人完成迷宫探索后，用户可以输入目标单元格坐标，随后就可以查看迷宫地图的内部表示、漫水填充算法生成的距离图、到达目标的最短路径以及地图中已被访问的单元格等信息，如图9.15所示。在本例中，我们选择的目标单元格位置

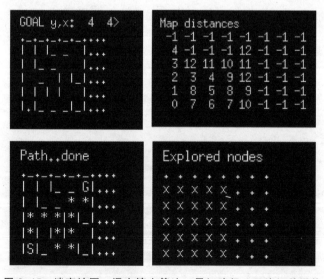

图 9.15　迷宫地图、漫水填充算法、最短路径、已访问单元格

坐标为（4，4），即右上角的迷宫单元格。距离为 –1 的单元格可能是不可到达的单元格，也可能是寻找目标非必须的单元格，因此保留了其初始化值。图 9.16 显示了机器人沿最短路径驶向目标的轨迹。

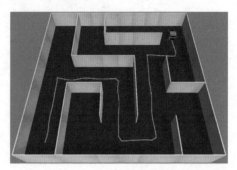

图 9.16 机器人沿最短路径驶向目标的轨迹

9.8 本章任务

1）把带姿态控制的左墙跟踪程序与迷宫递归探索程序相结合，使机器人找到最短路径。

2）通过 PID 控制器将方向控制与位置控制相结合，改进驱动控制，使机器人的运动更加平滑。

3）创建一个较小尺寸的机器人，使其可以采用 45°对角运动的方式穿过 90°弯道，利用这种运动方式优化机器人运动算法。

参考文献

［1］ R. Allan，*The amazing micromice：see how they won*，IEEE Spectrum，Sept. 1979，vol. 16，no. 9，pp. 62-65（4）

［2］ RoboGames，MazeSolving/MicromouseRules，2019，robogames. net/rules/maze. php

［3］ 2017 All Japan classic micromouse contest 1st prize，www. youtube. com/watch? v = LAYdX-IREK2I

［4］ T. Bräunl，*Embedded Robotics-Mobile Robot Design and Applications with Embedded Systems*，3rd Ed.，Springer-Verlag，Heidelberg，Berlin，2008

［5］ K. Aström，T. Hägglund，*PID Controllers：Theory，Design，and Tuning*，2nd Ed.，Instrument Society of America，Research Triangle Park，NC，1995

［6］ H. Durrant-Whyte，T. Bailey，*Simultaneous Localisation and Mapping（SLAM）：Part I*，IEEE Robotics & Automation Magazine，vol. 13，no. 2，June 2006，pp. 99-110

［7］ T. Bailey，H. Durrant-Whyte，*Simultaneous Localisation and Mapping（SLAM）：Part II*，IEEE Robotics & Automation Magazine，vol. 13，no. 3，Sep. 2006，pp. 108-117

第 10 章

导　航

移动机器人导航可分为未知环境中的导航和地图已知环境中的导航两类（Bräunl 2008）[1]。本章接下来的部分将分别对上述两类导航算法进行介绍。

10.1　未知环境中的导航

本章所介绍的未知环境导航算法是由 Kamon 和 Rivlin（Kamon，Rivlin 1997）[2] 开发的 DistBug 算法，它是 Bug 系列算法的一部分。对于存在导航路径的环境，该算法理论上肯定能够找到适当的路径，否则在执行搜索后它将返回不存在路径的结论。但该算法仅通过了严格的数学证明，它只适用于零尺寸（虽然可以用偏移量进行修复）、零定位误差以及零传感器误差（现实中并不存在）的机器人，因此在实际使用中算法会存在一些鲁棒性问题，在现实环境中可能无法一直正常运行，但该算法的思想非常值得学习（Ng，Bräunl 2007）[3]。

未知环境下没有地图作为参考，机器人将把导航起始位置的坐标和方向分别设置为（0，0）和 0°。目标坐标（x，y）以相对于机器人起始位置的偏移量给出，例如（1000，1000）。

下面给出了一个简化版 DistBug 算法的实现方式。

1）对准目标，沿直线驶向目标。

2）如果到达目标，则完成。

3）如果碰到障碍物，记住碰撞发生的位置（碰撞点），然后在障碍物周围开始进行边界跟随（始终右侧靠近障碍物的边界），同时不断计算同目标的最小距离。持续此操作，直到下述任一条件成立：

① 如果通往目标的直线路径可行，或者机器人可以前进到距离目标更近的位置，则在该点离开边界并转到步骤1）。

② 如果机器人回到碰撞点，则导航失败（不存在路径）。

前面章节已经分别介绍了激光雷达的使用方式和沿墙行驶的实现方法，下面将把它们结合起来，利用激光雷达来测量机器人同障碍物的距离，利用沿墙行驶进行障碍物边界的跟随，接下来给出 DistBug 算法的具体实现方式。

10.2　DistBug 算法

下述 DistBug 算法代码由 Joel Frewin（UWA）具体实现并由作者进行了修改。从 SIM 脚本程序 10.1 可以看到，机器人的起始位置为（300，300），目标位置为（4500，4500），在目标位置处放置了一个彩色标记，该标记仅用于方便观察，机器人实际上通过相对于起始位置的偏移量来得到目标位置。

程序 10.1　DistBug 环境脚本

```
1   # World File
2   world obstacles.wld
3
4   settings VIS TRACE
5
6   #Robots
7   S4 300 300 0 distbug.x
8
9   #Objects position x y,colo r R G B
10  marker 4500 4500      0 255 0
```

如程序 10.2 所示，利用宏定义方式给出目标位置同机器人起始位置的相对坐标（4500-300、4500-300）。

程序 10.2　相对坐标的宏定义（C）

```
1   #define GOALX (4500-300)      // marker minus start offset
2   #define GOALY (4500-300)      // (relative goal coord.)
```

如程序 10.3 所示，循环程序首先更新机器人的激光雷达扫描数据，接着通过调用 VWGetPosition 函数从车轮编码器获取机器人的最新位置和方向数据，然后调用函数 atan2 来计算朝向目标的角度，atan2 函数是反正切函数 arctan 的变体，它使用 dy 和 dx 而不是 dy/dx 的商作为参数，它的返回值是一个在 $[0, 2\pi]$ 范围内的唯一角度值，代码还将 atan2 返回的弧度值转换为范围在 $[0°, 360°]$ 内的角度值，最后通过计算目标角度和机器人航向角之间的差值就可以根据机器人当前的位姿（位置和方向）找到目标航向。

程序 10.3　激光雷达数据读取及目标航向计算程序（C）

```
1   while(1)
2    {LIDARGet(dists);     // Read distances from Lidar
3     VWGetPosition(&x, &y, &phi);
4     LCDSetPrintf(0,0,"POS x=% 5d y=% 5d phi=% 4d",x,y,phi);
5     theta=atan2(GOALY-y,GOALX-x)* 180.0/M_PI;
6     if (theta > 180.0) theta -=360.0;
7     diff =round(theta-phi);
8     LCDSetPrintf(1,0,"GOAL % 5d % 5d % 6.2f diff=% 4d",
9                    GOALX, GOALY, theta,diff);
```

程序 10.4 为机器人是否到达目标位置的判定方法，如果机器人当前位置坐标 x 和 y 同目标坐标的偏差均小于 50mm，则认为已到达目标。

程序 10.4　机器人是否到达目标位置的判定程序（C）

```
1   if (abs(GOALX - x) < 50 && abs(GOALY - y) <50)
2   { LCDSetPrintf(3,0,"Goal found       ");
3     VWSetSpeed(0, 0); // Stop robot
4     return0;            // Program finished
5    }
```

将机器人的运行情况分成三种模式：DRIVING（行驶）、ROTATING（旋转）和 FOLLOWING（跟踪）。程序 10.5 显示了 DRIVING 模式的控制代码。

程序 10.5　DRIVING 模式控制代码（C）

```
1   switch(state)
2   { case DRIVING: // Drive towards the goal
3     if(dists[180]<400||dists[150]<300||dists[210]<300)
4     { VWSetSpeed(0, 0); //stop
5       ...
6       state =ROTATING;
7     } else if (abs(diff) > 1.0) VWSetSpeed(200,diff);
8            else VWSetSpeed(200,0);
9     break;
```

DRIVING 模式控制程序首先检查机器人前方是否存在障碍物以避免碰撞。它分别对机器人的正前方以及左、右各偏 30°的方向进行检查，由于激光雷达的 180°方向默认为机器人的正前方，因此对应激光雷达的角度则分别为 180°、150°和 210°。如果在此范围内存在障碍物，机器人将停止并进入旋转状态（程序 10.6）。

程序 10.6　ROTATING 模式控制代码（C）

```
1    case ROTATING: // Rotate perpendicular to obstacle
2      diff = round(phi -perp);
3      if (abs(diff) > 5) VWSetSpeed(0,50);
4      else { VWSetSpeed(0,0);
5      ...
6          state =FOLLOWING;
7        }
8      break;
```

如果没有障碍物且同目标的角度差在 1°以内，则机器人将直线行驶；否则将沿曲线行驶。

此程序并没有做更为复杂的墙壁跟踪操作，而是仅将机器人向障碍物左侧旋转 90°（误差在 5°以内），然后沿此方向行驶一小段距离。在图 10.1 中可以清楚地看到这种控制行为。

随后机器人进入 FOLLOWING 模式，该模式需要检查机器人是否返回到最后一个碰撞点，如果"是"则说明在该环境内不存在到达目标的路径，机器人则放弃导航，如程序 10.7 所示。程序使用计数器（counter）来确保在被记录为新位置前机器人已经明显远离了碰撞点，这样可以确保物理机器人即使在存在误差和噪声的情况下也可以正常运行。

程序 10.7　FOLLOWING 模式控制代码（C）

```
1    case FOLLOWING: // Follow along obstacle boundary
2      counter++;
3      if(counter>10 && abs(hit_x-x)<50 && abs(hit_y-y)<50)
4      { VWSetSpeed(0,0);
5        LCDSetPrintf(3,0, "Goal unreachable");
6      return1;    // finish with error
7      }
```

对于跟踪终止（停止墙壁跟踪行为）条件，则需对机器人进入碰撞点后迄今为止同目标的最短距离值（d_min），以及激光雷达所测得的朝向目标的自由空间距离（f）进行计算，其判定条件为：

$$d-f \leqslant d\_min-STEP$$

如果满足上述条件，则代表当前位置下激光雷达所测得的朝向目标位置的自由空间会使机器人到达一个比先前更接近目标的点。程序会终止墙壁跟踪（离开点），重新进入 DRIVING 模式并直接驶向目标（见程序 10.8）。

程序 10.8 跟踪终止条件的判定（C）

```
1   int dx = GOALX -x;
2   int dy = GOALY -y;
3   float d=sqrt(dx* dx + dy* dy);
4
5   // Update minimum distance
6   if (d < d_min) d_min =d;
7
8   // Calculate free space towards goal
9   int angle = 180 -(theta-phi);
10  if (angle<0) angle +=360;
11  int f =dists[angle];
12  LCDSetPrintf(2,0,"a=% d d=% f f=% d m=% f",angle,d,f,d_min);
13
14  // Check leave condition
15  if (d - f <= d_min -STEP)
16  { VWSetSpeed(0,0);
17    VWStraight(300,100);
18    VWWait();
19
20    LCDSetPrintf(3,0,"Leavingobstacle     ");
21    diff = round(theta - phi);
22    VWTurn(diff,50);
23    VWWait();
24    state =DRIVING
25  }
```

图 10.1 和图 10.2 显示了机器人绕过两个障碍物时的行驶路径。

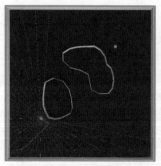 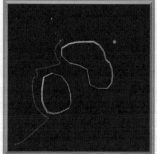 

图 10.1 DistBug 算法示例　　　　　　　图 10.2 DistBug 算法的导航过程

10.3　已知环境中的导航

如果机器人环境地图已知，则没有必要使用 DistBug 之类的算法来寻找路径，因为机器人可以在开始运行前使用地图或离线规划出最短路径。环境地图有多种表示方法，本章采用最常见、最简单的一种称为占位栅格（Occupancy Grid）地图的表示形式，它实质上是一个二进制图像，其每个像素代表环境的一小块区域（例如 10cm×10cm）。像素值为 1（黑色）代表障碍物，像素值为 0（白色）代表自由空间。图 10.3 给出了一些占位栅格地图文件的示例。

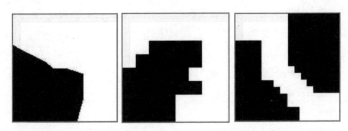

图 10.3　占位栅格地图示例（黑色＝障碍物，白色＝自由空间）

10.4　四叉树算法

如图 10.4 所示，四叉树算法将环境数据细分为四个相等的象限，按逆时针顺序分别标记为 1、2、3、4。每个象限都可以划分为：

1）完全自由象限（机器人可通过）。

2）完全阻塞象限（机器人不可通过）。

3）自由/阻塞混合象限（需要进一步确定）。

树结构是这种算法的最佳表示形式。在图 10.4 中，象限 1 是完全自由的空间，象限 3 是完全阻塞的空间，而另外两个象限是混合空间。

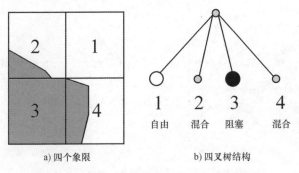

a) 四个象限　　　　　　　b) 四叉树结构

图 10.4　四叉树算法步骤 1：划分四个象限

如果四叉树节点中包含混合空间，则递归调用相同的算法进一步对其分割。如图 10.5 所示，节点 2 和 4 会产生更精细的四叉树结构，不断重复上述过程，直到每个节点完全确定或达到分辨率上限。

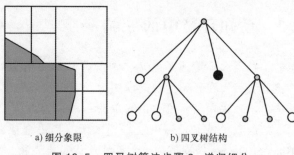

a) 细分象限　　　　　b) 四叉树结构

图 10.5　四叉树算法步骤 2：递归细分

完成细分后，将所有自由空间的中心点标记为节点，如图 10.6 所示。有些标记方法还会将自由空间的角点和一些边界点标记为节点，但本章会采用标记中心点这种简单的方法来实现。

对于节点 a~e，我们可以计算出其中心点坐标以及任意节点之间的路径长度。然而并非所有可能的链接在现实中都是有效的路径；例如，路径 c~e 和 b~e 是无效的，因为它们的连线会穿过阻塞区域，所以我们必须删除这样的路径，最后示例中满足要求的路径距离如图 10.7b 所示。

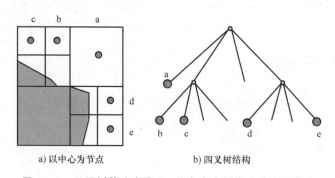

a) 以中心为节点　　　　　b) 四叉树结构

图 10.6　四叉树算法步骤 3：将自由空间中心选定为节点

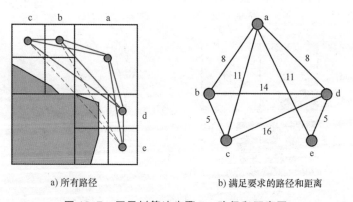

a) 所有路径　　　　　b) 满足要求的路径和距离

图 10.7　四叉树算法步骤 4：路径和距离图

假设机器人的起始位置节点、目标位置节点以及方向都包含在上述四叉树的节点集合内（否则需解决定位问题），我们就可以使用诸如 Dijkstra 或 A ∗ （A-Star）等图算法来找到最短路径（Bräunl 2008）[1]。

总之，完整的导航算法需要分成如下几个步骤：

1）四叉树分解。

2）确认每条路径均无碰撞。

3）计算每条无碰撞路径的长度。

4）对给定的起始节点和目标节点应用 A ∗ 算法。

5）按最短路径行驶。

请注意，机器人行驶问题现在已从低级别（处理实际位置）转移到高级别（处理节点）。

10.5 四叉树算法的实现

主程序将以（0，0）为起始位置，通过调用递归子程序 quad 在整个地图上启动四叉树的分解。为简单起见，我们假定地图为方形，其边长为 2 的 n 次方，函数调用形式为

$$quad(0, 0, 1024)$$

如程序 10.9 所示，递归函数 quad 会遍历给定正方形地图的所有像素，输入参数（x，y）为正方形的右上角坐标，size 为正方形的边长，递归过程会在两个方向上分别进行，直到（x+size，y+size）为止。该算法会检查正方形区域中的每个像素是否为自由（false）或阻塞（true）状态，并相应地对全局变量 allFree 和 allOcc 进行赋值。

程序 10.9　四叉树递归分解（C）

```
1  void quad(int x,int y,int size)//start pos + size
2  { bool allFree=true, allOcc =true;
3    for (int i=x; i<x+size;i++)
4      for (int j=y; j<y+size;j++)
5        if(field[i][j])allFree=false;//at least 1 occ.
6                else allOcc=false;  //at least 1 free
7  if (allFree) printf("free % d % d (% d)\n",x,y,size);
8    else if(! allOcc && (size>1))
9    { int s2 =size/2;
10     quad(x,    y,    s2);
11     quad(x+s2, y,    s2);
```

```
12          quad(x,    y+s2, s2);
13          quad(x+s2, y+s2, s2);
14     }
15 }
```

此程序将打印找到的所有自由区域：

```
           free   0    0    (32)
           free  32    0    (32)
           free   0   32    (4)
           free   4   32    (4)
           free   0   36    (1)
           free   1   36    (1)
           free   2   36    (2)
           free   4   36    (2)
                    ……
```

如果变量 allFree 或 allOcc 为真，则细分完成且 quad 函数终止运行。如果 all-Free 为真，则需将此位置记录为一个自由节点，例如通过打印（如示例中所示）或绘制图形进行输出，也可以将其输入到数组中进行后续处理。

如果 allFree 和 allOcc 都不为真，则该区域为混合区域，接下来必须对其进行进一步细分。使用变量 $s2 = size/2$ 进行二分，将区域分成边长为原来一半的四个正方形象限，每个正方形的右上角的坐标分别为

$$(x, y), (x+s2, y), (x, y+s2), (x+s2, y+s2)$$

如图 10.8b 所示，可以使用库函数 LCDArea 在屏幕上以图形方式把结果显示出来。为了简化图像，本例只显示最小尺寸为 16×16 像素的自由方格。

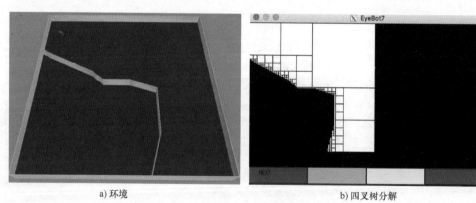

a) 环境　　　　　　　　　　　　　　　　　b) 四叉树分解

图 10.8　环境示例及其四叉树分解

为了生成路径，需要将自由方格的中心点存储在一个数组中以供进一步处理。为了生成所有可能的路径，我们在任意两个自由方格中心之间都绘制了一条直线，

如图 10.9 中的红线所示。

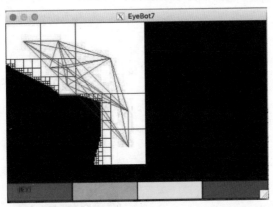

图 10.9 四叉树分解后的所有节点路径（其中一些与阻塞区域相交）

从图 10.9 可以看到某些自由方格之间的路径可能会同阻塞区域相交，必须消除这些被阻断的路径才能使用最短路径算法。图 10.10 给出了线段如何与方格相交的一般情况。

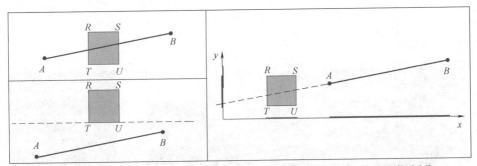

a) 检查所有角点是否都在线的同一侧(左下)　　　　b) 检查线段和方框在 x、y 轴上的投影是否重叠

图 10.10 线段-方框相交判定算法

参考文献 [4]（Alejo 2008）给出了判断直线和方格是否相交的算法，具体如下。

1. 正方形 RSTU 的四个角是否都在 AB 线段的同一侧？

如果是，判断完成→没有相交！

对于每个角点 $P \in \{R, S, T, U\}$，计算通过点 A 和点 B 的直线方程：

$$F(P) = (B_y - A_y)P_x + (A_x - B_x)P_y + (B_x A_y - A_x B_y)$$

1）$F(P) = 0$ 说明点 P 在直线 AB 上。

2）$F(P) > 0$ 说明点 P 位于直线 AB 的上方。

3）$F(P) < 0$ 说明点 P 位于直线 AB 的下方。

2. 四个角点通过 $F(P)$ 计算所得的值是否都为正值或负值？

如果是，判断完成→没有相交！

否则，将 AB 线段和方框分别投影到 x 轴和 y 轴上，检查线段投影同方框阴影是否相交。

1）（$A_x > U_x$ 并且 $B_x > U_x$），则没有相交。

2）（$A_x < R_x$ 并且 $B_x < R_x$），则没有相交。

3）（$A_y > U_y$ 并且 $B_y > U_y$），则没有相交。

4）（$A_y < R_y$ 并且 $B_y < R_y$），则没有相交。

对每个生成的线段（连接任意两个自由方格中心的线段）进行此项测试将消除许多不符合要求的线段路径。如图 10.11 所示，蓝色表示无碰撞路径，红色表示交叉路径。

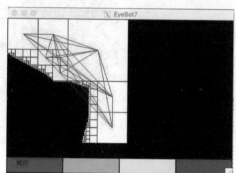

实际距离计算非常简单，因为前面已经给出了所有自由方块的中心坐标，所以中心距离为如下欧氏距离

$$距离 = (x_2 - x_1)^2 + (y_2 - y_1)^2$$

接下来，完成最短路径导航的最后一步，即应用 A * 算法并执行行驶指令。

图 10.11 四叉树分解后的非阻断路径

图 10.12 和本章前面几幅图中的示例环境和地图文件是由西澳大学机器人与自动化实验室的 Joel Frewin 创建的。

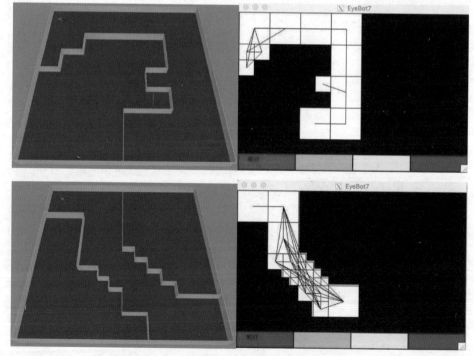

图 10.12 四叉树分解和路径生成的其他示例

10.6　最短路径算法

使用 Dijkstra 算法（Dijkstra 1959）[5] 或 A＊（A-star）算法（Hart，Nilsson，Raphael 1968）[6] 可以找到给定距离图中的最短路径。Dijkstra 算法能够找到从起始节点到所有其他节点的最短路径，而 A＊算法只能找到从特定起始节点到特定目标节点的最短路径。只有在两个节点之间的最小距离（通常是欧几里得距离或"空气距离"）已知的情况下才能使用 A＊算法。这些附加信息使 A＊算法在大多数实际应用中更加高效。

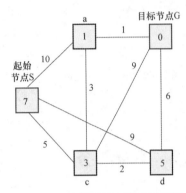

图 10.13 所示为 A＊算法的距离图初始状态，包括起始节点和目标节点在内共有五个节点。两个节点之间的实际距离由连接两点之间的线段上的数字给出的，节点方框内的值为每个节点到目标的最小距离（这是该

图 10.13　A＊算法的距离图初始状态

算法要求的距离下限）。以图中起始节点为例，从起始节点到节点 a 的距离为 10m，起始节点距离目标节点的最小距离为 7m。

算法从起始节点开始探索所有可能的路径，并为每条路径赋予一个距离代价值。S 节点存在以下可能路径：

1）S→a，代价值为 10（路径长度）+1（节点 a 距离目标节点的最小长度）= 11。

2）S→c，代价值为 5+3 = 8。

3）S→d，代价值为 9+5 = 14。

对这三个路径的距离代价值进行排序，选取代价值最小的路径：

1）S→c，代价值为 8。

2）S→a，代价值为 11。

3）S→d，代价值为 14。

作为一种最佳搜索算法，接下来只对目前确定的最短路径进行下一步的探索（图 10.14 中以红色显示的 S→c）。

在 A＊算法的下一次迭代中，会在 S→c 路径的基础上扩展得到以下三条新路径：

1）S→c→a，代价值为 5+3+1 = 9。

2）S→c→b，代价值为 5+9+0 = 14。

3）S→c→d，代价值为 5+2+5 = 12。

对迄今发现的所有旧路径和新路径进

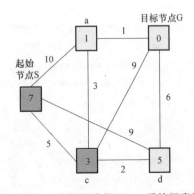

图 10.14　选择子路径 S→c 后的距离图

行排序,结果如下:

1) S→c→a,代价值为 9。

2) S→a,代价值为 11。

3) S→c→d,代价值为 12。

4) S→c→b,代价值为 14。

5) S→d,代价值为 14。

最短路径 S→c→a 在图 10.15 中以红色突出显示。

接下来将其进一步扩展,可知只有一种可能的扩展路径 S→c→a→G,代价值为 9。

由于此扩展路径已达到目标节点并且仍具有最小代价,因此算法终止。S→c→a→G 就是最短路径!

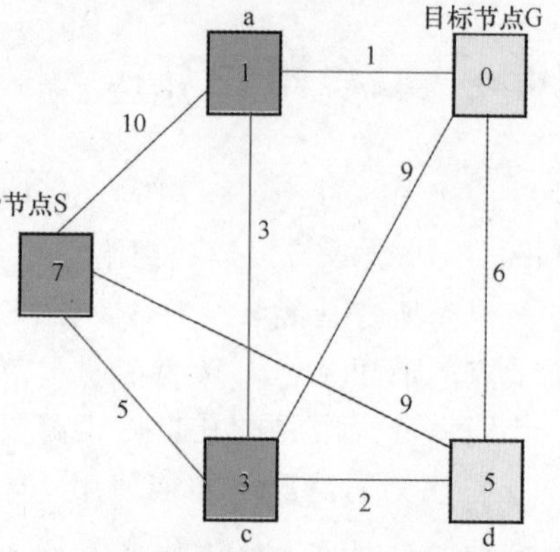

图 10.15 选择子路径 S→c→a 后的距离图

10.7 本章任务

1) 编程实现四叉树分解。

2) 编程实现可行驶路径检测。

3) 编程实现路径长度计算。

4) 编程实现 A * 算法以找到最短距离。

5) 综合以上所有内容,编程实现机器人的导航。

参考文献

[1] T. Bräunl, *Embedded Robotics-Mobile Robot Design and Applications with Embedded Systems*, 3rd Ed., Springer-Verlag, Heidelberg, Berlin, 2008

[2] I. Kamon, E. Rivlin, *Sensory-Based Motion Planning with Global Proofs*, IEEE Transactions on Robotics and Automation, vol. 13, no. 6, Dec. 1997, pp. 814 – 822 (9)

[3] J. Ng, T. Bräunl, *Performance Comparison of Bug Navigation Algorithms*, Journal of Intel-ligent and Robotic Systems, Springer-Verlag, no. 50, 2007, pp. 73-84 (12)

[4] Alejo, *How to test if a line segment intersects an axis-aligned rectangle in 2D*, 2008, https://stackoverflow.com/questions/99353/how-to-test-if-a-line-segment-intersects-an-axis-aligned-rec-tangle-in-2d

[5] E. Dijkstra, *A note on two problems in connexion with graphs*, Numerische Mathematik, Springer-Verlag, Heidelberg, vol. 1, pp. 269-271 (3), 1959

[6] P. Hart, N. Nilsson, B. Raphael, *A Formal Basis for the Heuristic Determination of Minimum Cost Paths*, IEEE Transactions on Systems Science and Cybernetics, vol. SSC-4, no. 2, 1968, pp. 100-107 (8)

第 11 章

机器人视觉

目前视觉传感器已成为机器人技术中最为重要的传感器，虽然利用视觉传感器提取环境数据时对处理器的计算能力要求更高，其算法开发也更为复杂，但是与仅能提供距离数据的激光雷达相比，视觉传感器不仅在成本方面有巨大的优势，而且还能为使用者提供颜色和亮度数据。

11.1 摄像头和 LCD 库函数

书中介绍的每个真实机器人和模拟机器人都配备有数字摄像头。真实机器人配备了树莓派标准摄像头，模拟机器人则配备一个和树莓派摄像头具有相同光圈和分辨率特性的虚拟摄像头。

开启机器人视觉的第一步就是从摄像头连续读取图像并将其显示在 LCD 屏幕上。为了完成这一任务，首先需要对摄像头的分辨率进行初始化，初始化过程还会自动设置 LCD 函数的图像显示尺寸以及图像处理库函数的图像大小，其具体细节将在后面进行介绍。模拟器摄像头分辨率的选项有如下几种。

1）QQVGA：160×120 像素。

2）QVGA：320×240 像素。

3）VGA：640×480 像素。

4）CAM1MP：1296×730 像素。

5）CAMHD：1920×1080 像素。

6）CAM5MP：2592×1944 像素。

由于 QVGA 选项的分辨率适中，而且能够在板载 LCD 屏幕上进行显示，因此使用 QVGA 是一个较优选择。接下来可以在模拟器下拉菜单中选择一些物体加入到机器人运行场景内。图 11.1 展示了机器人的虚拟运行场景以及 LCD 屏幕上显示的机器人视角下摄像头获取的图像信息。

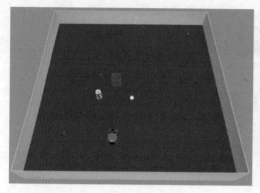

a) 机器人运行场景

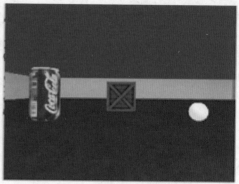

b) 摄像机获取的图像

图 11.1　机器人运行场景以及摄像机获取的图像

在本书的开头部分已经对读取和显示摄像头图像的程序进行了介绍，程序 11.1 和程序 11.2 分别给出了获取图像并进行显示的简易 Python 和 C 程序代码。

程序 11.1　图像显示最简程序（Python）

```python
1  from eye import *
2
3  CAMInit(QVGA)
4  while True:
5    img =CAMGet()
6    LCDImage(img)
```

程序 11.2　图像显示最简程序（C）

```c
1  #include "eyebot.h"
2
3  int main()
4  { BYTE img[QVGA_SIZE];
5
6    CAMInit(QVGA);
7    while(1)
8    {CAMGet(img);
9      LCDImage(img);
10   }
11 }
```

11.2 边缘检测

完成图像读取后，我们可以利用以下方法从图像数据中提取一些有价值的信息：

1) 直接编写 Python、C 或 C++程序。

2) 使用 RoBIOS 小型图像处理库。

3) 使用 OpenCV 或其他图像处理库（Kaehler，Bradski 2017）[1]

以下先以边缘检测为例对图像处理方法进行介绍（Bräunl et al. 2001）[2]，边缘检测是通过寻找不连续灰度特征来找到图像中的物体轮廓（和阴影），其最简单的实现方式（但质量不是最佳）是利用图 11.2a 所示的拉普拉斯算子进行处理。以灰度图像作为数据源，利用拉普拉斯算子可以把当前像素灰度值的 4 倍减去上、下、左、右四个相邻像素的灰度值而生成灰度图像的局部微分，对于图像中灰度相同的部分，拉普拉斯算子的函数值将接近于零，如果像素位于较暗区域和较亮区域之间的边界，函数值则为较大的正数或负数，对整幅图像的每个像素进行上述处理就可以提取出边缘信息。

需要注意的是在大多数灰度图像中每个像素都是以字节值的形式给出的，因此取值范围为 [0，255]，0 表示黑色，255 表示白色，其他值则代表不同的灰度。

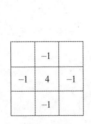

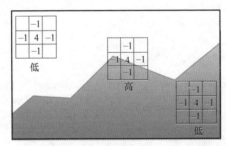

a) 拉普拉斯算子   b) 不同图像区域的拉普拉斯算子处理结果

图 11.2   拉普拉斯算子和不同图像区域的拉普拉斯算子处理结果

在图 11.2b 中，图像上部较亮（对应灰度值较大），下部较暗（灰度值较小），因此图像中的像素位置不同其灰度值也有所不同。如果拉普拉斯算子中的所有像素灰度值都较高（左上位置）或所有像素灰度值都较低（右下位置），则拉普拉斯算子的输出值将非常低。但是如果部分灰度值较高，部分灰度值较低，那么根据当前像素的灰度值情况，将会得到一个较大的正值或负值。对于图 11.2 中的三个取样区域，其拉普拉斯算子的输出值分别如下。

1) 左上：4×255−255−255−255−255＝0。

2）中间：$4×255-255-0-255-0=510$。

3）右下：$4×0-0-0-0-0=0$。

绝对值高的区域表示存在边缘（从暗到亮或从亮到暗的过渡区域），绝对值低的区域表示没有边缘（亮度均匀的区域）。

程序 11.3 中的 for 循环实现了对图像每个像素应用拉普拉斯算子的处理。为避免对数组元素的越界访问，循环不会在整个图像范围 $[0, width * height]$ 上进行，而是需要从 width 开始并在 width $*$ (height-1) 处停止。

程序 11.3　拉普拉斯边缘检测算子的实现（C）

```
1   #include "eyebot.h"

2
3   void Laplace(BYTE gray_in[], BYTE gray_out[])
4   { int i,delta;

5
6     for(i=IP_WIDTH;i<(IP_HEIGHT-1)* IP_WIDTH;i++)
7     {delta   =abs(4 * gray_in[i]
8              -gray_in[i-1] -gray_in[i+1]
9              -gray_in[i-IP_WIDTH] -gray_in[i+IP_WIDTH]);
10     if (delta > 255) delta =255;
11    gray_out[i] = (BYTE) delta;
12   }
13   }

14
15  int main()
16  {BYTE img[QVGA_PIXELS],lap[QVGA_PIXELS];

17
18    CAMInit(QVGA);
19    while(1)
20    {CAMGetGray(img);
21      Laplace(img,lap);
22    LCDImageGray(lap);
23   }
24  }
```

如果当前像素位置在数组中的下标为 i，那么左边像素的下标为 $i-1$，右边像素的下标为 $i+1$，上方像素的下标为 $i-width$，下方像素的下标为 $i+width$。由于取值范围在 $[0, 255]$ 之间的两个字节型变量相减，其结果很容易产生数据溢出的问题，对此程序首先使用绝对值函数将结果转化为正数，然后再同 255 进行比较和限制，以确保每个结果值都在 $[0, 255]$ 范围内。

在 for 循环中进行处理的第一行和最后一行图像，应将其值设置为零（黑色）。另外由于使用单层循环并没有考虑到行格式，对一行图像中最右侧的像素实施拉普拉斯运算时会使用下一行图像最左侧的像素，因此还应该忽略图像最左侧一列和最右侧一列的边界，最终输出结果如图 11.3 所示，结果显示了黑色背景下的白色物体轮廓。

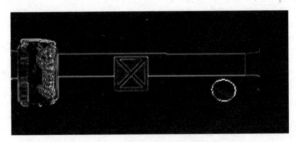

图 11.3 拉普拉斯边缘检测的输出

使用 RoBIOS 内置的拉普拉斯边缘检测函数（IPlaplace）进行上述操作则更为简单，以下两条代码分别给出了在 Python（程序 11.4）和 C（程序 11.5）内调用 IPlaplace 的方法，可以看出两种语言调用此函数的参数略有不同，Python 代码显得更加紧凑。

在 Python 中调用拉普拉斯边缘检测函数，其图像处理结果以返回值形式给出

$$edge = IPLaplace(gray)$$

在 C 语言中，图像处理结果保存在第二个参数中

$$IPLaplace(img, edge);$$

程序 11.4 使用 RoBIOS 库中的拉普拉斯边缘检测函数（Python）

```
1  from eye import *

2
3  CAMInit(QVGA)
4  while True:
5    gray = CAMGetGray()
6    edge = IPLaplace(gray)
7    LCDImageGray(edge)
```

接下来对图像处理进一步扩展，使用拉普拉斯边缘检测结果对原始灰度图像进行颜色叠加，函数 IPOverlayGray 可以使用给定的颜色（此处为红色）将第二幅灰色图像叠加到第一幅图像上。由于拉普拉斯边缘检测函数的输出结果 lap 不只是黑白像素，中间还包含许多灰度值，因此需要添加一个阈值函数对其进行处理，这样可以剔除所有的"假性"边缘（在本例中阈值为 50）。程序 11.6 为完整的程序代码，图 11.4 则给出了程序的输出结果。

程序 11.5　使用 RoBIOS 库中的拉普拉斯边缘检测函数 （C）

```
1  #include"eyebot.h"
2
3  int main()
4  {BYTE img[QVGA_PIXELS],edge[QVGA_PIXELS];
5
6    CAMInit(QVGA);
7    while(1)
8    {CAMGetGray(img);
9      IPLaplace(img,edge);
10     LCDImageGray(edge);
11   }
12 }
```

程序 11.6　利用拉普拉斯边缘检测结果进行颜色叠加 （C）

```
1  #include "eyebot.h"
2
3  void Threshold(BYTE gray[])
4  { int i;
5    for (i=0; i<QVGA_PIXELS;i++)
6    gray[i] = (gray[i] >50);
7  }
8
9  int main()
10 {BYTE img[QVGA_PIXELS],lap[QVGA_PIXELS],col[QVGA_SIZE];
11
12   CAMInit(QVGA);
13   while(1)
14   {CAMGetGray(img);
15     IPLaplace(img,lap);
16     Threshold(lap);
17     IPOverlayGray(img, lap, RED,col);
18   LCDImage(col);
19     }
20 }
```

图 11.4　原始图像上的红色边缘叠加

　　程序 11.7 为实现相同功能的 Python 程序。RoBIOS 图像处理函数的完整列表如图 11.5 所示，图中只给出了实现最常用功能的部分函数。

```
int     IPSetSize(int resolution);                    // 设置图像分辨率
int     IPReadFile(char *filename, BYTE* img);        // 读取 PNM 文件
int     IPWriteFile(char *filename, BYTE* img);       // 写入彩色图像文件
int     IPWriteFileGray(char *filename, BYTE* gray);  // 写入灰度图像文件
void    IPLaplace(BYTE* grayIn, BYTE* grayOut);       // 拉普拉斯边缘检测
void    IPSobel(BYTE* grayIn, BYTE* grayOut);  // Sobel 边缘检测
void    IPCol2Gray(BYTE* imgIn, BYTE* grayOut);    //彩色图像转换为灰度图像
void    IPGray2Col(BYTE* imgIn, BYTE* colOut);        // 灰度图像转换为彩色图像
void    IPRGB2Col (BYTE* r, BYTE* g, BYTE* b, BYTE* imgOut); // 3 通道灰度转彩色
void    IPCol2HSI (BYTE* img, BYTE* h, BYTE* s, BYTE* i);    // RGB 转 HSI
void    IPOverlay(BYTE* c1, BYTE* c2, BYTE* cOut);// 彩色图叠加
void    IPOverlayGray(BYTE* g1, BYTE* g2, COLOR col, BYTE* cOut);   //灰度图叠加
COLOR   IPPRGB2Col(BYTE r, BYTE g, BYTE b); //RGB 转换为彩色
void    IPPCol2RGB(COLOR col, BYTE* r, BYTE* g, BYTE* b);   // 彩色转 RGB
void    IPPCol2HSI(COLOR c, BYTE* h, BYTE* s, BYTE* i);   // RGB 转 HSI
BYTE    IPPRGB2Hue(BYTE r, BYTE g, BYTE b);    // RGB 转 Hue
void    IPPRGB2HSI(BYTE r, BYTE g, BYTE b, BYTE* h, BYTE* s, BYTE* i);    // hue
```

图 11.5　图像处理库函数

程序 11.7　利用拉普拉斯边缘检测结果进行颜色叠加（Python）

```
1   from eye import*

2

3   def Threshold(gray):
4     for i in range(0,QVGA_PIXELS):
5       if (gray[i] >50):
```

```
6        gray[i]=255
7      else:
8        gray[i]=0
9
10   CAMInit(QVGA)
11   while True:
12     gray =CAMGetGray()
13     edge =IPLaplace(gray)
14     Threshold(edge)
15     col = IPOverlayGray(gray, edge,RED)
16     LCDImage(col)
```

11.3 OpenCV 库函数

OpenCV[3] 始于 1999 年的英特尔研究项目，目前已成为最常用的图像处理库之一。OpenCV 不仅支持基于 Python、C++和 Java 的开发，而且支持 TensorFlow 和 Caffe 等高级人工智能框架。

OpenCV 与 EyeBot/EyeSim/RoBIOS 在处理彩色和灰度图像时使用了相同的文件格式，只需要调用转换函数 frame 就可以把图像转换成 OpenCV 适用的格式，转换时会将图像的宽度、高度以及图像数据一起存储在一个数据结构中。只要使用 my-image. data 访问原始数据就可以使用 RoBIOS 函数显示 OpenCV 图像，程序 11.8 显示了在 C++中使用 OpenCV 库函数的示例。

程序 11.8　使用 OpenCV 库函数进行 Canny 边缘检测（C++）

```
1    #include "opencv2/highgui/highgui.hpp"
2    #include "opencv2/imgproc/imgproc.hpp"
3    #include "eyebot++.h"
4    using namespace cv;
5
6    int main()
7    { QVGAcol img;
8     Mat edges;
9
10    CAMInit(QVGA);
11    while(1)
12    {CAMGet(img);                              // Get image
13     Mat frame(240,320,CV_8UC3,img);//OpenCV conv.
14     cvtColor(frame,edges,COLOR_RGB2GRAY);//RGB-->GRAY
```

```
15        GaussianBlur(edges, edges, Size(7, 7), 1.5,1.5);
16        Canny(edges, edges, 50,100,3);              // Canny edge
17     LCDImageGray(edges.data);                       // Display result
18      }
19  }
```

Canny 边缘检测是一种更加复杂的图像滤波器，与拉普拉斯边缘检测相比，该算法可以得到更好的输出效果，如图 11.6 所示。

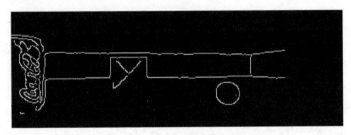

图 11.6　Canny 边缘检测的输出

11.4　颜色检测

图像中的物体具有一定的特征颜色时，通过颜色来实现物体的检测就非常简单。相比之下，通过形状检测则要复杂很多，而且需要一些数学背景知识。本节以红色球体的检测为例对算法进行介绍。

大多数图像传感器都使用 3 个字节分量来分别表达一个彩色像素的 RGB（红、绿、蓝）值。纯黑色为（0，0，0），白色为（255，255，255），"纯"红色为（255，0，0）。对于具有三个相同分量的颜色，例如（50，50，50），则为灰色，对于具有不同分量的颜色，其取值大的主色起决定性作用。

由于图像中不可避免地存在一些噪声，因此不能简单地通过比较来检查像素的颜色，例如不能单纯使用以下判断语句来检测红色

$$if\ (r==255\ \&\&\ g==0\ \&\&\ b==0)$$

由于环境光照条件也一直在发生变化，所以也不能使用下面这种关联度不高的方法来检查像素是否为某种颜色

$$if\ (r>200\ \&\&\ g<50\ \&\&\ b<50)$$

为便于说明，可以人工构建一幅场景，例如在阳光明媚的户外场景中，"红色"像素的 RGB 值为

$$(210,20,10)$$

如果一片乌云遮住了太阳，环境光减弱了 50%，那么相同的像素具有 RGB 值为

$$(105, 10, 5)$$

所有的像素值都被缩小了一半，因此简单地比较得不到正确的结果。此问题的解决方案是将 RGB 值转移到一个颜色空间，例如 HSI 空间（hue，saturation，Intensity），详情见参考文献 [4]（Bräunl et al. 2001）。HSI 的图像各分量的作用如下。

1）色调（hue）[0，255] 用来表征颜色值在圆形色盘上的位置。

2）饱和度（saturation）[0，255] 用来表征颜色的纯度，饱和度越低，白色成分越高。

3）强度（intensity）[0，255] 用来表征颜色的明亮程度，强度越低，黑色成分越高。

在 HSI 空间中，白色为（*，0，255），黑色为（*，*，0）。灰度为（*，0，g），其中 g 在 0（黑色）到 255（白色）的范围内变化。星号 "*" 是一个"无关项"，可以为任意值。

从 RGB 到 HSI 的转换对于 S 和 I 来说比较简单，但是对于 H 则需要三角函数进行变换，因为这是最需要关注的分量。以下转换公式改编自参考文献 [5]（Hearn，Baker，Carithers 2010）。

$$I = (R+GB)/3$$
$$S = 255 - min(R,G,B)/I$$
$$H = \cos^{-1}[0.5(R-G+R-B)/\sqrt{(R-G)^2+(R-B)(G-B)}]$$

通常使用简化的近似公式来计算色调，只需调用 RoBIOS 库函数 IPCol2HSI 就可以实现上述转换。由于色调只是一个单字节值，因此可以将 RGB 彩色图像转换为色调图像，转换后每个像素只用一个字节的存储（同灰度图类似）。

如果光线的强度或饱和度太低，则无法分配适当的色调。在光线较暗的环境中使用数字摄像头时，可能会出现突然得到错误杂散彩色像素的情况。需要将这些值标记为 255，表示"无色调"，并将其排除在后续处理之外。

如图 11.7 所示，图像中每个 RGB 值都已转换为色调值。值在 60 左右时表示红色，这也是在本示例中要检测的颜色。下一步需要指定被检测颜色的色调取值范围，例如色调范围为 [55，65] 的颜色为红色，则在该取值范围内的每个色调像素都设置为"真"（true：1），此范围之外的每个像素都设置为"假"（false：0）。图 11.8 为二值化色调匹配图像◯。

可以将匹配图像中所有的"1"都视为簇或散点，接下来需找到一种算法来确定彩色物体的中心，一种非常简单有效的方法是在图像的所有行与列上都创建直方图，直方图的概念听起来非常复杂，但需要做的仅是将色调匹配图像的每一列的所

◯ 色调范围也可以为递减区间，例如 [250，5]，这种情况需要进行特殊处理，并且需要省略无色调值 255。

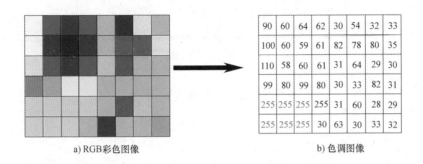

a) RGB彩色图像

90	60	64	62	30	54	32	33
100	60	59	61	82	78	80	35
110	58	60	61	31	64	29	30
99	80	99	80	30	33	82	31
255	255	255	255	31	60	28	29
255	255	255	30	63	30	33	32

b) 色调图像

图 11.7　RGB 彩色图像和色调图像

有值相加，然后对每一行也执行相同的操作。

对上述示例来说，第一行的直方图值为 0+1+1+1+0+0+0+0＝3，第一列的直方图值为 0+0+0+0+0+0＝0。

如图 11.9 所示，将计算得到的每一行和每一列的直方图数据存储在一个向量（一维数组）内。

0	1	1	1	0	0	0	0
0	1	1	1	0	0	0	0
0	1	1	1	0	1	0	0
0	0	0	0	0	0	0	0
0	0	0	0	0	1	0	0
0	0	0	0	1	0	0	0

图 11.8　二值化色调匹配图像

0	1	1	1	0	0	0	0		3
0	1		1	0	0	0	0		3
0	1	1	1	0	1	0	0		4
0	0	0	0	0	0	0	0		0
0	0	0	0	0	1	0	0		1
0	0	0	0	1	0	0	0		1
0	3	3	3	1	2	0	0		

图 11.9　具有列和行直方图的二值化色调匹配图像

通过直方图可以确定哪些行和列中存在目标物体像素（高值）以及哪些行列中有没有符合条件的像素（低值或零值）。由于目标对象是一个圆球，因此只需确定行列直方图中各分量最大值的位置就能找到其中心。在图 11.9 的示例中，行直方图的最大值为 4，出现在第 3 行（从顶部开始计数，从 1 开始）。列直方图的最大值是 3，这个值出现了多次，但只取第一次出现的位置，也就是第 2 列的。因此目标物体的中心坐标为（2，3），其坐标原点位于左上角。

通过对色调匹配图像（同原始彩色图像一样）中取值为 1 的灰色簇进行观察，我们可能会认为目标物体中心的坐标为（3，2），这虽然同直方图计算结果存在偏差，但实际上却只差了一个像素，这种偏差在图像处理中经常发生。而且示例只是一个包含 6×8 像素的小样本图像。在接下来展示的全尺寸图像中，直方图检测效果会更好。

接下来使用 C 语言实现色调匹配与直方图的生成。为简化过程，下述程序只生成列直方图，因为在平面内如果想让一个机器人驶向一个物体，只需要知道目标物体在图像中的 x 位置即可，这个信息只需列直方图就能够提取出来。

程序 11.9 对所有列执行一个循环（for-x），对所有行执行一个嵌套循环（for-y）。如果当前像素的色调与目标色调之间的差值低于阈值，则对当前列的直方图进行递增（hist［x］++）。

程序 11.9　直方图生成（C）

```
1   void GenHist(VGAcol img,int hue,line hist,int thres)
2   { int x,y, pos,diff;
3     for (x=0; x<CAMWIDTH;x++)
4     { hist[x] =0;
5       for (y=0; y<CAMHEIGHT;y++)
6       {  pos  = y* CAMWIDTH +x;
7          diff = abs(img[pos] -hue);
8          if ( ((diff < thres) ||(255-diff <thres))
9               && (img[pos] ! =NO_HUE))
10      hist[x]++;
11      }
12    }
13  }
```

接下来的步骤是在这个直方图中找到最大值。在程序 11.10 中，对直方图的所有元素执行单循环（for-i）并记录最大值。注意在此函数的末尾，程序并不返回找到的最高值 val，而是返回其位置 pos，因为我们只关注彩色物体的位置。

程序 11.10　查找直方图向量中的最大值（C）

```
1   int FindMax(linehist)
2   { int i, pos=0, val=hist[0]; //init
3     for (i=1; i<CAMWIDTH;i++)
4       if (hist[i] >val)
5       { pos =i;
6       val =hist[i];
7       }
8     return pos;
9   }
```

返回值 pos 的取值范围为［0，CamWidth-1］，该值经过简单处理后就可以转换为机器人的转向命令。pos 值为 0 时，则进行最大限度的左转；该值为 CamWidth/2 时机器人直行；为 CamWidth-1 时则进行最大限度的右转。另外需要注意的是 pos 值为 0 还可能意味着没有找到匹配的目标像素，在这种情况下，机器人应执行另一个搜索命令，例如原地旋转或直行，直到遇到障碍物。

如程序 11.11 所示，不必对转向角进行具体的处理，仅需一个简单的三分支选择语句即可驱动机器人行驶。如果物体中心在图像的左三分之一处，则左转；如果在右三分之一处，则右转；否则直行。

程序 11.11 利用直方图输出位置驱动机器人行驶（C）

```
1   if (pos < CAMWIDTH/3) VWTurn(10,30);                //left
2     else{if(pos>2* CAMWIDTH/3) VWTurn(-10,30);//ri.
3         else VWStraight(50,100);                       //straight
4         }
```

执行结果如图 11.10 中的图像序列所示。由于我们在无限循环中运行图像检测和行驶命令，因此机器人将不断修正其行驶角度，并瞄准红色目标。在这个示例中

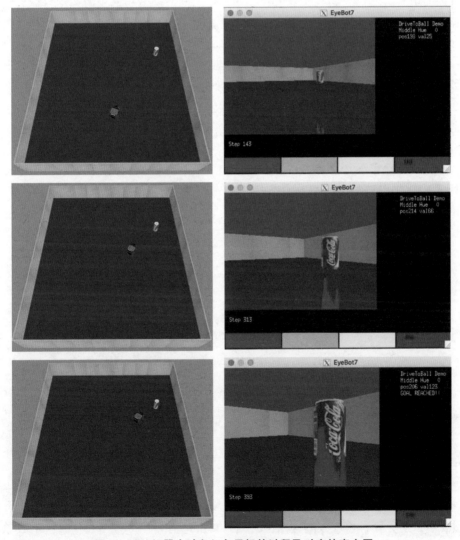

图 11.10 机器人驶向红色目标的过程及对应的直方图

使用了红色易拉罐而不是球，从图中可以看到，红色易拉罐上的白色文字明显影响了直方图的计算，然而该算法仍有足够的鲁棒性，可以让机器人最终找到红色易拉罐。

11.5　运动检测

运动检测听起来非常复杂，但实际非常容易实现，通过接下来的展示你会发现运动检测其实比颜色检测还要简单。我们希望机器人能够探测到视野中的任何运动目标，然后机器人通过旋转其摄像头（如果安装在伺服系统上）或底盘来跟踪运动目标的中心。然而，实现机器人在感知环境的同时朝着检测到的运动目标行驶并不容易，因为当机器人处于运动状态时，其视野中的每个像素似乎都在向外边缘移动（同《星际迷航》的开场片段类似）。

接下来我们仅通过一个静止不动的机器人来实现物体的运动检测，其具体方法为摄像头连续拍摄两幅图像，通过两张图像中的对应像素的差来检测是否存在运动。由于只关注第一幅和第二幅图像之间发生变化的像素，而无须区分像素是变亮还是变暗，因此使用差值的绝对值作为判定条件即可。

图 11.11 显示了算法的具体原理。在第一种情况下，两幅图像之间没有发生相对运动，因此除了噪声之外，在 t_1 和 t_2 时刻两幅图像的各像素值基本相同。计算这两幅图像的矩阵的差，可以得到一个类似于零矩阵的图像。

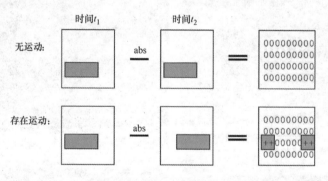

图 11.11　运动检测原理

然而，如果图像中存在一些运动物体，比如第二种情况中存在的从左向右移动的灰色块，通过计算所有像素的平均差值并将其与固定阈值进行比较，就可以在视野中判断出是否存在运动物体。

程序 11.12 和程序 11.13 分别给出了计算图像差值的 Python 程序和 C 程序，程序中 image_diff 和 avg 函数的功能非常显而易见，不过要注意 Python 程序中对数组 diff 的声明方式，出于兼容性原因必须将其指定为 c_byte 类型，这是由于 EyeBot 的 Python 库函数最终会调用 C 库函数的原因造成的。

程序 11.12　图像差值计算函数（Python）

```
1   from  eye import *
2   from  ctypes import *
3
4   def  image_diff(i1, i2):
5       diff = (c_byte * QVGA_PIXELS)()
6       for i in range(QVGA_PIXELS):
7       diff[i] = abs(i1[i] - i2[i])
8     return diff

9
10  def  avg(d):
11      sum = 0
12      for i in range(QVGA_PIXELS):
13          sum += d[i]
14      return int(sum/QVGA_PIXELS)
```

程序 11.13　图像差值计算函数（C）

```
1   void image_diff(BYTE i1[SIZE], BYTE i2[SIZE],
2                      BYTE d[SIZE])
3   { for (int i=0; i<SIZE; i++)
4       d[i] = abs(i1[i] - i2[i]);
5   }

6
7   int avg(BYTE d[SIZE])
8   { int i, sum=0;
9     for (i=0; i<SIZE; i++)
10      sum += d[i];
11    return sum / SIZE;
12  }
```

　　程序 11.14（Python 程序）和程序 11.15（C 程序）中的 main 函数首先每间隔 100ms 读取两帧图像，然后调用函数 image_ diff 以及函数 avg，最后将平均差值打印到屏幕上，如果超过阈值，则发出警报。

程序 11.14　运动检测主程序（Python）

```python
1   def main():
2       CAMInit(RES)
3
4       while True:
5           image1 =CAMGetGray()
6           OSWait(100) # Wait 0.1s
7           image2 =CAMGetGray()
8           diff = image_diff(image1,image2)
9           LCDImageGray(diff)
10          avg_diff =avg(diff)
11          LCDSetPrintf(0,50, "Avg = % 3d",avg_diff)
12          if (avg_diff>15):          # Alarm threshold
13              LCDSetPrintf(2,50,"ALARM!!!")
14          else:
15              LCDSetPrintf(2,50,"       ") # clear text
```

程序 11.15　运动检测主程序（C）

```c
1   int main()
2   { BYTE image1[SIZE], image2[SIZE],diff[SIZE];
3     int avg_diff,delay;
4
5     CAMInit(RES);
6     while(1)
7     {CAMGetGray(image1);
8      OSWait(100); // Wait 0.1s
9      CAMGetGray(image2);
10     image_diff(image1, image2,diff);
11     LCDImageGray(diff);
12     avg_diff =avg(diff);
13     LCDSetPrintf(0,50, "Avg = % 3d",avg_diff);
14     if (avg_diff>15) LCDSetPrintf(2,50,"ALARM!!!");
15     }
16  }
```

　　为了能够获得运动图像，在示例中我们让一个位于两个红色易拉罐之间的机器人连续旋转［通过调用 VWSetSpeed（0，100）然后无限循环实现］，同时，静止不动的图像采集机器人使用前面的运动检测代码来观察该场景。程序 11.16 为进行场景设置的 SIM 脚本文件。

程序 11.16　运动检测 SIM 脚本程序

```
1   #Environment
2   world../../worlds/small/Soccer1998.wld
3   can     300    600    0
4   can     300    1000   45
5
6   #Robot position(x,y,phi)and executable
7   S4 300 800     0 turn.x
8   S4 800 800    180 motion.x
```

从图 11.12 中可以看到，图像采集机器人成功地检测到了另一个机器人的运动，在差值图像中并没有显示出静止的周围物体。

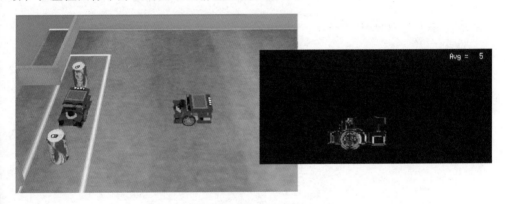

图 11.12　运动检测示例场景及计算结果

接下来，可以使用同颜色检测相似的技术来粗略判断运动目标在图像中的位置，如图 11.13 所示，首先可以将图像划分为左、中、右三个区域，然后在这 3 个区域上分别执行一次运动检测算法，这样就可以判断出运动目标具体位于哪一个图像区域，如果多个区域都存在运动目标，则可以通过比较 avg_diff 和设定阈值之间的差值大小来判断出哪个区域具有最高的运动特征。

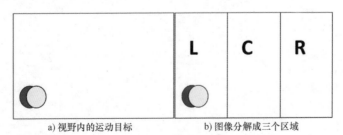

a) 视野内的运动目标　　　　b) 图像分解成三个区域

图 11.13　视野内的运动目标及图像分解成三个区域

11.6 本章任务

1）编写一个程序，让机器人从一个场景的角落开始搜索一个红色易拉罐，搜索到易拉罐后将其推回起始角落。

2）在上一个程序的基础上进行扩展，使用户可以通过按钮选择所需的颜色色调，使机器人可以搜索多种颜色的物体。

3）尝试将运动检测和朝向运动物体运动的程序结合在一起，这需要确定并消除由机器人自身运动造成的图像差异。

参考文献

［1］ Kaehler, G. Bradski, *Learning OpenCV 3：Computer Vision in C++ with the OpenCV Library*, O' Reilly, 2017

［2］ T. Bräunl, S. Feyrer, W. Rapf, M. Reinhardt, *Parallel Image Processing*, Springer Verlag, Heidelberg Berlin, 2001

［3］ OpenCV weblink, https：//opencv. org

［4］ T. Bräunl, S. Feyrer, W. Rapf, M. Reinhardt, *Parallel Image Processing*, *Springer Verlag*, Heidelberg Berlin, 2001

［5］ D. Hearn, P. Baker, W. Carithers, *Computer Graphics with Open GL*, 4th Ed. , Pearson, 2010

第12章

Starman步行机器人

本章将对一个名为 Starman 的简易铰接式步行机器人进行介绍，该机器人于 1994 年由 Ngo 和 Marks 首次提出（Fukunaga 等，1994）[1]，虽然他们在原始文献中所提出的 Starman 只是一个虚拟 2D 机器人，但它是实验学习算法的优良工具。事实证明，即使对于具有五个支撑腿的不会翻倒的圆形 2D 机器人来说，向前移动也并非易事。

本章将 Starman 带入了真实的 3D 环境，并制造出一个 Starman 机器人硬件，该机器人由围绕中心圆柱均匀排列的五条支撑腿组成，每一条支撑腿都采用舵机驱动，另外还在 EyeSim 中生成了它的虚拟仿真实体，每个支撑腿都可以通过伺服命令 SERVOSet 进行单独控制。

12.1 支撑腿的运动

图 12.1 所示为初始状态下的 Starman，其五条支撑腿全部处于中间位置，此时

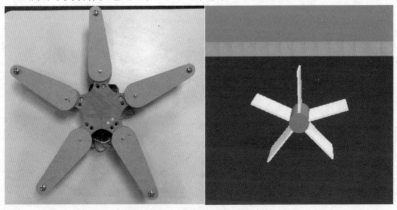

图 12.1 Starman 机器人实物与虚拟 Starman

舵机对应的位置值为 128（取值范围为 [0, 255]）。利用脚本程序 12.1 将 Starman 放置在默认仿真环境中，然后尝试控制单条支撑腿移动，如图 12.2 所示。

程序 12.1　Starman SIM 脚本

```
1  robot ../../robots/Articulated/starman.robi
2  Starman 1000 300 1000 90 move.x
```

a) 真实运动　　　　　　　　　　　　　　　　b) 模拟运动

图 12.2　Starman 机器人腿部的真实运动和模拟运动

在程序 12.2 中，利用 KEY1 按键可以对想要移动的支撑腿进行选择，KEY2 和 KEY3 则分别用来控制支撑腿向上或向下移动，舵机的每个位置都存储在 pos 数组中，其初值都为 128。每次按下按钮程序都会将舵机当前位置值显示到 LCD 屏幕上。

程序 12.2　支撑腿选择与运动控制程序（C）

```
1  #include "eyebot.h"
2  #define MIN(a,b) (((a)<(b))? (a):(b))
3  #define MAX(a,b) (((a)>(b))? (a):(b))
4
5  int main()
6  { int pos[5] ={128,128,128,128,128};
7    int i,k, leg=0;
8
9    LCDMenu("Leg+", "+", "-","END");
10   do
11   {switch(k=KEYGet())
12    { case KEY1: leg = (leg+1)% 5;break;
13      case KEY2:pos[leg]=MIN(pos[leg]+5,255);break;
14    case KEY3: pos[leg]=MAX(pos[leg]-5, 0);break;;
15    }
```

```
16      for (i=0; i<5;i++)
17      { LCDPrintf("S% d pos % d, ", i+1,pos[i]);
18      SERVOSet(i+1,pos[i]);
19      }
20      LCDPrintf("\n");
21      } while (k! =KEY4);
22  }
```

虽然采用上述方法可以对腿部角度进行任意配置，但由于速度太慢，所以无法让 Starman 行走。程序 12.3 可以控制 Starman 的单个支撑腿（3 号腿）往复运动，利用其体重和摩擦力，这个动作会让 Starman 慢慢向左"滑移"，如图 12.3 所示。

程序 12.3 往复移动单支撑腿的"滑移"控制程序（C）

```
1  #include "eyebot.h"
2
3  int main()
4  { int x, y,phi;
5  for (int i = 0; i < 10; i++)
6    { VWGetPosition(&x, &y, &phi);
7      LCDPrintf("x=% 4d, y=% 4d\n", x,y);
8  SERVOSet(3, 128+27); OSWait(1000);
9  SERVOSet(3, 128);OSWait(1000);
10   }
11 }
```

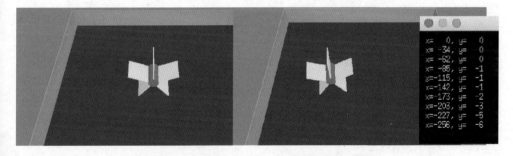

图 12.3 Starman "滑移" 运动及其位置数据

12.2 运动模型

为了系统地处理 Starman 的运动问题，需要为其建立一个运动模型。首先假设 Starman 的运动模式是周期性重复的，因此只需要得到一个周期（例如两秒）内五个支撑腿的运动序列然后重复执行就可以使其运动。考虑到每个支撑腿的间隔角度为 360°/5 = 72°，支撑腿本身还有一定的厚度，为了避免两个支撑腿之间发生碰撞，因此需要将它们的运动角度限制在 [−30°，+30°] 或更小的范围内。完整的运动解决方案类似于图 12.4 中的图形，每个支撑腿的运动由一条曲线表示，横坐标代表时间，纵坐标代表支撑腿的角度，每条曲线（舵机）的开始和结束点都为中间位置 0。

目前并不能确定每个曲线的函数具体形式应该是什么，后续我们会逐步解决这个问题。我们知道使用离散的多个控制点可以对曲线进行数字化拟合，对于 Starman 的支撑腿的运动曲线来说，使用大约 10 个离散点就可以达到相应的拟合精度，离散控制点之间的运动将由电动机硬件或软件代码进行自动平滑过渡。图 12.5 显示了其中一条支撑腿的 10 个角度控制点。

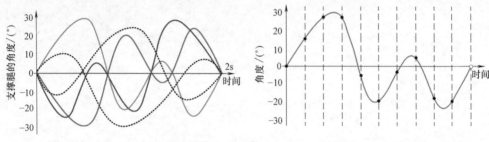

图 12.4　Starman 支撑腿的运动序列　　　图 12.5　Starman 单条支撑腿的控制点

图中控制点具体坐标为整数序列 [0, 15, 28, 27, −5, −20, −4, 6, −20, −21]。

由于被控对象是一个真实的物理系统，舵机角度在 [−30°，+30°] 范围内取整数值（无须浮点数）就足以达到所需的控制精度，因此仅使用一个字节就可以存储角度值。在任意时间点，Starman 的状态都可以用 5 个字节（每个支撑腿 1 个字节）进行表示，一个周期内完整运动则需要 50 个字节（10 个控制点 × 5 个字节）。在参考文献 [2]（Boeing，Bräunl 2015）中可以看到这种方法在更复杂机器人上的应用详情。

12.3　遗传算法

遗传算法（GA）是一种针对难解决问题的优化方法，它通过对一组（generation）编码为字节序列的个体（称为染色体或基因）进行迭代来达到优化的目的。每个染色体的优劣程度通过适应度（fitness）函数进行评估，该函数为每个染色体计算得到一个适应度值，该值将决定每条染色体被选中并进行下一代基因重组的概率，在达到最大进化代次数或找到足够好的解决方案后，迭代过程停止，从染色体生成个体的过程如图 12.6 所示。

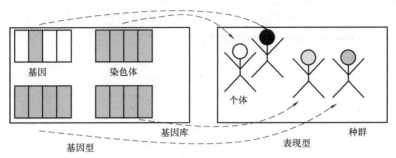

图 12.6 从染色体生成个体

程序 12.4 显示了主程序中最主要的循环代码，该循环在达到最大迭代次数或机器人达到步行性能要求时终止。每次迭代中都通过调用 evaluate 评估函数对每个单独的染色体进行评估，评估结果最好的染色体将原封不动地复制到下一代中。对于所有其他 n 条染色体，则通过调用 selectgene 函数进行 $n-1$ 次基因选择操作，并借助 crossover 函数基于一对旧染色体生成两条新染色体。最后一步操作则是对染色体进行一些突变（mutation）。

程序 12.4 基因库定义以及遗传算法主循环程序（C）

```
1  BYTE pool[POP][SIZE],
2   next[POP][SIZE];
3   ...
4   for (iter=0;iter<MAX_ITER && maxfit<FIT_GOAL;iter++)
5    {evaluate();
6     memcpy(next[0],pool[maxpos],SIZE);//pres.best
7     for (pos=1; pos<POP;pos+=2)
8     { s1=selectgene();                // select 1st
9       s2=selectgene();                // select 2nd
10     crossover(s1,s2,pos);            //mating
11     }
12     for (int m=0;m<MUT;m++)mutation();   //mutations
13     memcpy(pool,next,POP* SIZE);   // copy genepool
14    }
```

如图 12.7 及程序 12.5 所示，交叉（crossover）操作非常简单，首先在父代中

图 12.7 基因交叉

选择两条染色体 A 和 B，然后在其二进制编码串中随机选取一个切割位置，交换位置点后的二进制序列就会生成两条新的染色体，这两条新的染色体将进入下一次迭代。

程序 12.5　交叉函数（C）

```
1  void crossover(int g1, int g2, int pos)
2  {int cut=rand()%(SIZE-1)+1;//range[1,SIZE-1]
3    memcpy(next[pos], pool[g1],cut);
4    memcpy(next[pos]+cut, pool[g2]+cut,SIZE-cut);
5    memcpy(next[pos+1], pool[g2],cut);
6    memcpy(next[pos+1]+cut, pool[g1]+cut, SIZE-cut);
7  }
```

图 12.8 及程序 12.6 给出了突变操作的过程，首先在当前一代染色体中随机选择一条染色体，然后对该染色体一个随机位置的基因进行翻转（0→1 或 1→0）。此操作背后的原理是确保算法能够对整个搜索空间进行探索，例如，如果当前一代染色体中的所有染色体都以二进制"0"开头，如果没有突变，子染色体永远不会出现以"1"开头的解决方案。

父代　01001110　　　　　　子代　01001100

随机变异点

图 12.8　基因突变原理

程序 12.6　突变函数（C）

```
1  void mutation()
2  { int ind = rand() % (POP-1) + 1; // [1,POP-1]
3    int pos = rand() % SIZE;
4    int bit = rand() % 8;
5  next[ind][pos]^=(1<<bit);        // XOR: flip bit
6  }
```

在开始评估之前需要用一些随机值（在合理范围内）对染色体进行初始化，开始时我们将所有支撑腿的角度控制值设置为中间位置（取值为 128），然后向其添加随机值，随机值的取值范围为±5。

如程序 12.7 所示，在程序开始之前，通过循环调用五次 SERVOSet 函数来初始化模拟机器人的五条支撑腿位置。

程序 12.7 基因库初始化以及支撑腿设置函数（C）

```
1   void init()
2   { int i, leg, point, pos,val;
3     for (i=0; i<POP; i++)
4     { pool[i][0]=128; pool[i][1]=128; pool[i][2]=128;
5       pool[i][3]=128; pool[i][4]=128; // neutral init
6       for (point=1; point<CPOINTS; point++)
7         for (leg=0; leg<5; leg++)
8         { pos = 5* point+leg;
9           val = pool[i][pos-5] + (rand() & 10) - 5;//r. +/-5
10          pool[i][pos] = MAX(0, MIN(255, val));
11        }
12    }
13  }
```

```
14
15  void set(chrom c, int pos)
16  { int leg;
17    for (leg=0; leg<5; leg++) SERVOSet(leg+1, c[5* pos+leg]);
18  }
```

程序 12.8 中的适应度函数只是让机器人利用给定染色体的控制值进行一定次数的迭代运行，然后检查机器人最终处于什么位置。机器人离起点越远，它的适应度就越高。

机器人在每次染色体评估中的运动具有随机性，而迭代过程又高达数千或数百万次，因此需要在每次模拟运行之前使用函数 SIMSetRobot（仅适用于模拟器）将机器人设置回相同的起点，否则机器人可能会撞墙，甚至从虚拟桌面上掉下来。

程序 12.8 适应度函数（C）

```
1   int fitness(int i)
2   { int rep, point, x, y,phi;
3
4     SIMSetRobot(1, 1000, 1000, 0,90);
5     VWSetPosition(0,0,0);
6
7     set(pool[i],0);  // starting position
8     OSWait(2000);
9     for (rep=0; rep<REP;rep++)
```

```
10      for (point=0; point<CPOINTS;point++)
11      { set(pool[i],point);
12      OSWait(250); //ms
13      }
14    VWGetPosition(&x, &y,&phi);
15  return 1 + abs(x)+abs(y);      // min. fitness 1
16  }
17
18  void evaluate()
19  { fitsum =0.0;
20    maxfit =0.0;
21    for (int i=0; i<POP;i++)
22    { fitlist[i] =fitness(i);
23      fitsum+=fitlist[i];
24      if (fitlist[i]>maxfit)     // record max fitness
25    { maxfit=fitlist[i]; maxpos=i;}
26      }
27  }
```

evaluate 函数会对基因库中的每个染色体都调用 fitness 函数以进行适应度评估计算，并将得到的适应度值存储在全局数组 fitlist 中。它还会对一代染色体的所有适应度进行求和运算，稍后的选择过程中会需要这些总和。

选择函数在主程序的每次迭代中都被调用两次。它需要随机选择一个染色体，随机函数需要根据每个染色体的适应度进行有偏好性的选择，例如如果染色体 A 的适应度值是染色体 B 的两倍，那么 A 被选中的可能性就应该是 B 的两倍。

如图 12.9 及程序 12.9 所示，选择函数采用"适应度转盘"（wheel of fitness）的方法实现，选择过程就和游戏节目中的幸运转盘类似，染色体由转盘上的扇形表示，扇形大小与适应度水平相匹配（两倍适应度意味着两倍的面积）。因此如果每

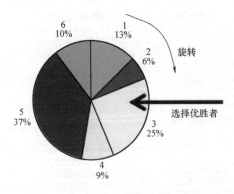

图 12.9　采用"适应度转盘"的选择原理

次旋转都是随机的，那么转盘将根据每个扇形的适应度水平对染色体进行有偏好性的选择。

程序 12.9　选择函数（C）

```
1   int selectgene()
2   {int  i,wheel,count;
3
4       wheel=rand() % fitsum;//range[0,fitsum-1]
5       i=0;
6       count =fitlist[0];
7       while (count <wheel)
8       {  i++;
9          count +=fitlist[i];
10      }
11      return i;
12  }
```

12.4　算法运行

对每一个机器人每代染色体的所有编码串完成一次评估的运行时间大约为 10s，因此对含有 100 个机器人的种群进化 100 代需要 10^5s，大约为 28h，所以遗传算法程序需要运行很长时间才可能得出结果，使用性能强大的计算机以"无头模式"（headless mode）$^{\ominus}$运行模拟器可以加速程序的执行。

图 12.10 中显示了 15 个 Starmen 群体在经过 10 次和 80 次迭代后的适应度水

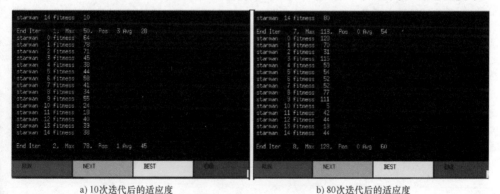

a) 10次迭代后的适应度　　　　　　　　　b) 80次迭代后的适应度

图 12.10　进化过程

$\ominus$　译者注：BIOS 里有个选项 headless mode 是无头模式。headless 模式是系统的一种配置模式。在该模式下，系统缺少了显示设备、键盘或鼠标。

平，在这个进化过程中，最佳个体的适应度值将近增加了一倍（从 78 到 128）。

图 12.11a 显示了 Starman 的初始位置（见绿色地面标记），图 12.11b 为执行进化步态后的最终位置。

a) 初始位置   b) 最终位置

图 12.11　步态执行前后的位置变化

12.5　本章任务

1）优化 Starman 的遗传算法并找到最佳步态。

2）为重复运动序列增加一个初始启动序列，使用遗传算法对其进行进化。

3）扩展（甚至进化）Starman 为更复杂的关节型生物。

参考文献

［1］ A. Fukunaga, L. Hsu, P. Reiss, A. Shuman, J. Christensen, J. Marks, J. Ngo, *Motion-Synthesis Techniques for 2D Articulated Figures*, Harvard Computer Science Group Technical Report TR-05-94, 1994

［2］ A. Boeing, T. Bräunl, *Dynamic Balancing of Mobile Robotsin Simulation and Real Environments*, in Dynamic Balancing of Mechanisms and Synthesizing of Parallel Robots, DanZhang, Bin Wei (Eds.), SpringerInternational, Cham, Switzerland, Dec. 2015, pp. 457-474 (18)

第 13 章

无人驾驶汽车

本章对小型无人驾驶汽车进行介绍，虽然使用的机器人平台与前述章节相同，但本章将它们放置在一个包含车道标记、交通标志、停车区和其他汽车（或机器人）的小型交通场景内来模拟无人驾驶，场景中甚至还包括行人（小雕像）、房屋和树木等。

13.1 无人驾驶汽车竞赛

在无人驾驶汽车竞赛中至少包含两个专门针对学生的比赛项目，分别为德国布伦瑞克工业大学组织的年度赛事卡罗杯（Carolo-Cup）[1] 以及奥迪汽车公司组织的奥迪无人驾驶杯竞赛（Audi Autonomous Driving Cup）[2]。卡罗杯直接向所有参赛者开放，但奥迪杯参赛者首先需要通过预选，成功通过预选的团队将获得一辆免费的无人驾驶车模来进行比赛。

本章将专注于卡罗杯无人驾驶汽车的研究，并将机器人按 2∶1 的比例进行了缩小，以便能够在实验室的一张桌子上重建和模拟出标准的卡罗赛道，如图 13.1 所示。

图 13.1　真实环境和模拟环境

卡罗杯使我们能够对与无人驾驶汽车研究相关的多种技术进行发展和改进，所有为小型机器人车模开发的算法均可扩展应用到真正的无人驾驶汽车项目中，其中涵盖的主要领域包括：车道检测和车道保持、避免碰撞、车辆和行人检测、交通标志识别、自动泊车、自动超车、交叉路口自动控制、斑马线自动检测、按路标进行自动速度控制、车-车通信以及车-基站通信。

该比赛的优点在于新参赛团队只需实现部分功能（例如车道保持和避免碰撞等）即可参赛，随后可以逐步对车模进行改进并添加新的功能。

13.2 卡罗杯

卡罗杯的标准场地赛道文件可以在 Carolo 网站进行下载，利用该文件可以搭建出真实或模拟的赛道环境，赛道上的交通标志可以自行制作，网站上也提供了相关的图像文件。

程序 13.1 是包含交通标志的卡罗杯赛道 SIM 脚本，利用该脚本创建的仿真环境如图 13.2 所示。程序 13.2 为卡罗杯的基本环境配置文件，该文件非常简单，它仅使用了地面图片，而没有四周的墙壁。图 13.2 所示的扩展示例中添加了与真实机器人运行环境相匹配的墙壁，这有助于防止模拟机器人从台面上掉下来。

程序 13.1　卡罗杯赛道 SIM 脚本

```
 1  #Environment
 2  world ../../worlds/small/Carolo.wld
 3
 4  #Objects
 5  object ./objects/ParkingSign/ParkingSign.esObj
 6  object ./objects/SpeedLimitSign/cancelspeedlimitsign.esObj
 7  object ./objects/SpeedLimitSign/speedlimitsign.esObj
 8  object ./objects/StopSign/stopsign.esObj
 9
10  #Objects
11  ParkingSign 990 223192
12  StopSign   2270 1192 121
13  StopSign 2301 1922 312
14  CancelSpeedLimitSign 1899 2861 1
15  SpeedLimitSign        46 1820 87
16
17  # robotname x y phi
18  S4 1637 352 180 lane.x
```

程序 13.2 卡罗杯环境文件

```
1  floor_texture carolo-lab.png
2  width  3100
3  height 3100
```

图 13.2 EyeSim 中的卡罗杯场地环境

卡罗杯系统的软件设计和实现是由来到西澳大学访问的学生孙双全、郑景文、林子涵（均来自中国科学技术大学）、乔子涵和刘善琪（均来自浙江大学）完成的。

13.3 车道保持

车道保持的第一步是进行图像处理来找到车道标记，然后使用此信息生成最可能的车道曲率模型。所有图像都是在 OpenCV（参见第 11 章机器人视觉）中进行处理的，OpenCV 是一个非常通用且全面的库，但是 OpenCV 不支持 C 语言，所以应用程序必须用 C++或 Python 编写，具体处理步骤如图 13.3 所示。

上述操作多数为计算密集型操作，霍夫变换（此处使用）、特征验证、拉格朗日插值多项式曲线拟合以及许多其他操作（本项目未使用）尤其耗费计算资源。使用树莓派作为机器人的控制器时，其计算能力相当有限，但我们并不想把图像传输到"远程计算机"进行处理来得到行驶控制指令，这样会使机器人退化成遥控汽车，因此需要开发执行速度更快的视觉算法，使嵌入式控制器也能处理车模的视觉图像。

经过前面的步骤，现在可以计算出车辆与道路中心的相对位置并修正车辆行驶路径的曲率以使其保持在道路中间位置，这对于直线车道非常有效。

但这种方法在曲线行驶中效果不佳，标准的树莓派摄像头视野很窄，所以在进入弯道时，机器人只能看到外围车道。这个问题既可以通过改进硬件的方式解决，

图像采集并转换成
OpenCV格式

找出感兴趣的区域

Canny边缘检测

利用霍夫变换找到边缘(蓝色)，
计算各道路边缘同左上角和右上
角(红色)的距离

只选择左右车道的内
边缘

图 13.3　车道检测算法的步骤

比如更换视角更宽的镜头（可能是最简单的解决方案），或将摄像头安装在伺服装
置上，旋转摄像头使两侧车道保持在视野之内，还可以直接利用如图 13.4 所示的

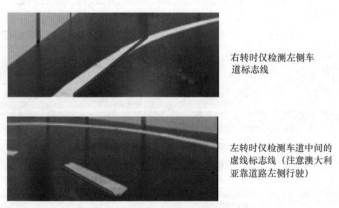

右转时仅检测左侧车
道标志线

左转时仅检测车道中间的
虚线标志线（注意澳大利
亚靠道路左侧行驶）

图 13.4　右转/左转时的车道标记线

单个车道信息进行判断，但这样会降低程序的鲁棒性，轻微的干扰就可能会使无人驾驶车辆偏离方向后完全离开行驶车道。

从图 13.4 可以看出，弯道上可用的车道边缘数据非常少，尤其是在只有车道中间虚线可见的情况下。车道边缘图像数据越少，曲线检测算法就越容易出错。

13.4 交叉路口和斑马线

Carolo 控制程序需要对交叉路口和斑马线进行特殊处理，就图像中可见的车道标记而言，交叉路口和斑马线是两种极端情况。在交叉路口的起点，根本看不到垂直的车道标记线，而在斑马线上会有很多垂直的标记线（大概为 15 条）。这是区分这些交通标志的一个重要标准。

在交叉路口（图 13.5a），无人驾驶汽车必须能够检测到水平停车线并完全停下，通过交叉路口前还应对路口的交通状况进行检查（广角镜头效果更好）。在斑马线附近（见图 13.5，底部），无人驾驶汽车必须在减速并检测行人（行人模型）后才能驶过斑马线。

a) 交叉路口起点　　　　　　　　b) 斑马线(检测到的线条用蓝色标记出)

图 13.5　用垂直标志线的数量来区分交叉路口、斑马线和常规车道

13.5 交通标志识别

交通标志的识别更加复杂，本章采用了参考文献［3］（Sun 等 . 2019）中所述的组合学习方法，通过使用定向梯度直方图（HOG）算法来完成这项任务（Dalal, Triggs 2005）[4]，在 QVGA 图像分辨率为 320×240 像素时，该算法可以在三代树莓派上以大约 3Hz 的帧率运行。图 13.6 显示了一些待检测的交通标志及其对应的 HOG 图像。

图 13.7 展示了一些带有多个交通标志的图像识别示例，可以看到该算法甚至能够识别到同一图像中的多个交通标志。

图 13.8 显示了算法在树莓派 3 上的执行时间，每帧图像的平均处理时间为 340ms 左右，虽然标准 Raspbian 操作系统不支持实时操作，但图像处理时间依然可以保证没有重大异常值出现，因此实时操作并非必要条件。交通标志识别在控制器上作为一个单独的例程运行，它不会对其他高频率运行的控制算法（例如距离传感

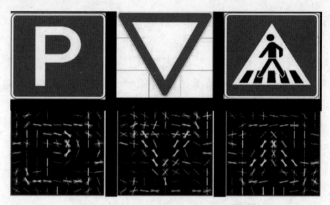

图 13.6　交通标志及其 HOG 图像

图 13.7　行驶过程中的交通标志识别

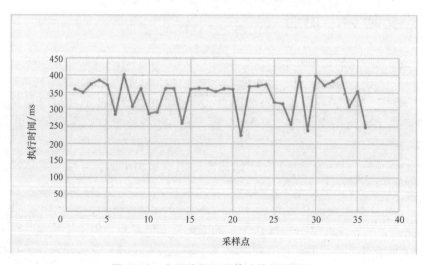

图 13.8　交通信号识别算法的执行时间

器避免碰撞算法）产生影响。PID 电动机控制算法实际运行在树莓派之外的 EyeBot-IO 控制器上，该控制器基于 Atmel 处理器实现并通过 USB 端口同树莓派进行通信。

算法在测试数据集上的准确率（阳性预测值）、召回率（灵敏度）、*F* 值等评价指标结果见表 13.1。

表 13.1　交通信号识别算法的准确率、召回率和 *F* 值

交通标志	准确率(%)	召回率(%)	*F* 值(%)
停止标志	82.61	61.29	70.37
人行道标志	100	73.33	84.62
停车场标志	100	50.00	66.67
限速标志	100	63.64	77.78
取消限速标志	100	42.11	59.26
让行标志	100	60	75

13.6　端到端学习

神经网络和深度学习在无人驾驶中的应用日益广泛。截至目前，本章不仅使用了诸如用于车道标志检测的传统图像处理算法，还针对交通标志识别等特定任务使用了机器学习算法。机器学习系统的最终目标是实现端到端（end-to-end）的学习，也就是说将实时数据（例如从驾驶员视角得到的视频信息）以及正确的期望输出（转向角）一起传输给深度神经网络，让网络无须程序员分析或预处理输入数据就能够一次性完成学习任务。

显然，端到端系统将是对传统人工智能（AI）系统的巨大改进，它可以大幅节省机器学习系统的开发成本。对于无人驾驶来说，只需要记录一些优秀驾驶员在各种驾驶场景中的视频输入和转向角度，深度神经网络就能够学会如何无人驾驶。利用该方法，英伟达的研究人员基于他们的并行通用图形处理器单元（GPGPU）系统在一辆线控汽车上实现了无人驾驶（Bojarski et al. 2016）[5]。针对物体检测，谷歌也实现了类似的方法（Howard et al. 2017）[6]。图 13.9 展示了端到端学习的原理。

Nicholas Burleigh、Jordan King 与作者基于英伟达和谷歌的方法创造了一个简化深度学习网络来训练机器人，实现了在卡罗杯赛道上的无人驾驶和交通标志的检测（Burleigh，King，Bräunl2019）[7]。我们记录了 1000 张测试图像以及相应的正确转向角，这些图像来自于先前描述的卡罗杯问题的工程解决方案。图 13.10 显示了左转、直行和右转交通场景的端到端学习。

然后，使用 TensorFlow[8] 基于这些数据和十个可能的转向输出值（从左转向极限到中间到右转向极限）训练了一个深度神经网络。因为训练产生的网络足够

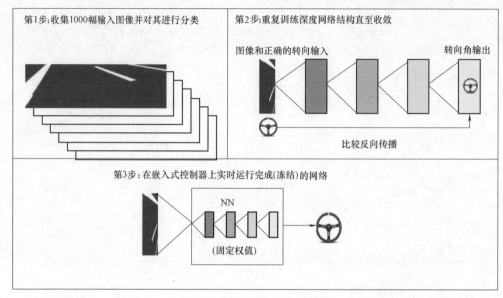

图 13.9　无人驾驶的端到端学习

a) 左转　　　　　　　　　b) 直行　　　　　　　　　c) 右转

图 13.10　左转、直行和右转交通场景的端到端学习

小，所以它可以在机器人的车载树莓派 3 控制器上以大约 9f/s（帧/秒）的速度运行，成功实现了机器人在卡罗杯赛道上的无人驾驶。

尽管模拟和真实摄像头图像看起来非常相似，但一个模拟系统的训练网络无法转移到真实机器人系统使用，因此需要对模拟和真实机器人进行单独的输入数据收集和单独的训练。

13.7　本章任务

独立实现卡罗杯无人驾驶赛车的程序开发。从一个功能开始逐步扩展，直至机器人能够全面实现无人驾驶：

1）车道检测和车道保持。

2）避免碰撞。

3）车辆和行人检测。

4）交通标志识别。

5）自动泊车。

6）自动超车。

7）交叉路口自动控制。

8）自动斑马线检测。

9）按路标进行自动速度控制。

10）车-车通信以及车-基站通信。

11）利用端到端的学习实现上述功能。

参考文献

［1］ TU Braunschweig, *Carolo-Cup*, https：//wiki. ifr. ing. tu-bs. de/carolocup/carolo-cup

［2］ Audi AG, *Audi Autonomous Driving Cup*, https：//www. audi-autonomous-driving-cup. com

［3］ S. Sun, J. Zheng, Z. Qiao, S. Liu, Z. Lin, T. Bräunl, *Architecture of a driverless robot car based on EyeBot system*, 3rd International Conference on Robotics：Design and Applica-tions（RDA 2019）, Xi'an, China, April 2019

［4］ N. Dalal, B. Triggs, *Histograms of oriented gradients for human detection*, IEEE Computer Society Conference on Computer Vision and Pattern Recognition（CVPR'05）, 2005, pp. 886-93

［5］ M. Bojarski, D. Del Testa, D. Dworakowski, B. Firner, B. Flepp, P- Goyal, L. Jackel, M. Monfort, U. Muller, J. Zhang, X. Zhang, J. Zhao, K. Zieba, *End to End Learning for Self-Driving Cars*, Nvidia Corporation, Apr. 2016, pp.（9）

［6］ A. Howard, M. Zhu, B. Chen, D. Kalenichenko, W. Wang, T. Weyand, M. Andreetto, H. Adam, *MobileNets：Efficient Convolutional Neural Networks for Mobile Vision Applica- tions*, Google Inc., Apr. 2017, pp.（9）

［7］ N. Burleigh, J. King, T. Bräunl, *Deep Learning for Autonomous Driving*, Intl. Conf. on Dig- ital Image Computing：Techniques and Applications（DICTA）, Dec. 2019, Perth, pp.（6）

［8］ TensorFlow, https：//www. tensorflow. org

第 14 章

SAE方程式赛车

多年来，汽车工程师协会（SAE）一直在举办 SAE 方程式汽车大赛，该比赛是一个面向工程类专业学生的国际性赛事，参赛队员需要从零开始建造一辆单座赛车（底盘一般由钢管焊接而成）并参加包括耐力赛在内的多个赛道的比赛，除了"竞技性赛道"之外，该比赛还包括一个"展示性赛道"，在该赛道中车队可以获得汽车设计、技术、营销等方面的积分。

SAE 方程式汽车大赛和德国大学生方程式汽车大赛（FSG）过去主要是为机械工程专业的学生举办的赛事，参赛车辆以汽油车为基础，通常采用摩托车发动机进行驱动。随着电动汽车的兴起，这项比赛在过去几年也引入了电动汽车竞赛。2017年，该比赛推出了第一届无人驾驶汽车竞赛（FSG 2016）[1]。

SAE 方程式汽车比赛是西澳大学（UWA）的传统强项，曾在 2008 年获得过世界冠军。在比赛设立电动汽车和无人驾驶赛道之前，西澳大学就在可再生能源汽车项目（REV）中建造了一台 SAE 电动汽车和无人驾驶汽车，这都是最早参与该项比赛的车辆之一。

14.1 电动汽车

作为 2010 年 REV 项目的一部分，我们制造了第一辆 SAE 方程式电动赛车。赛车是用西澳大学参加汽油车比赛的一个没有传动系统的底盘改装而成的，它采用双电动机独立驱动后轮的设计方案，利用电子差速器分别连接两个电动机控制器来分别驱动后轮，如图 14.1 和图 14.2 所示。

第二代 SAE 方程式电动汽车由作者的硕士研究生 Ian Hooper 设计，如图 14.2b 所示，该赛车由四个独立的轮毂电动机进行驱动，两侧电池箱中的电池系统也进行了改进和升级。图 14.3 展示了 Ian Hooper 的原始 CAD 设计模型以及在 EyeSim 中的仿真汽车模型。

图 14.1　2010 年 SAE 方程式电动汽车比赛的底盘

a) 第一代SAE方程式电动汽车

b) 第二代汽车的轮毂电动机

图 14.2　REV 第一代 SAE 方程式电动汽车以及第二代汽车的轮毂电动机

a) CAD模型

b) EyeSim仿真模型

图 14.3　电动汽车的模型

14.2　线控驱动

虽然电力驱动系统肯定会有助于实现无人驾驶，但从技术上讲这并不是必要条件。任何无人驾驶汽车的第一步都是实现线控驱动（drive-by-wire）系统（参见图14.4和图14.5中Jordan Kalinowski建造的线控驱动汽车），也就是说汽车的转向、制动和加速三个主要功能均可以通过计算机系统进行控制，一般会由低级嵌入式处理器通过接收高级智能驱动计算机发出的命令来分别控制实现这三个功能。

图14.4　REV线控驱动系统（由Jordan Kalinowski实现）

a) 转向　　　　　　　　　b) 制动　　　　　　　　　c) 加速

图14.5　转向、制动和加速线控驱动

1. 转向

转向驱动可能是最难以实现的部分，它通常利用一个大功率电动机，通过同步带连接到转向柱并根据程序控制来改变转向角（图14.5a）。当然这会立即引发如下安全问题（将在稍后的安全部分中讨论）：

1）当程序尝试转动方向盘时，驾驶员/乘客的手可能会卡在方向盘上。

2）驾驶员/乘客可能想要介入转向操作，但可能无法克服电动机施加在转向柱上的驱动力。

3）在手动驾驶模式下，电动机-传动带结构可能会卡住或以其他方式干扰驾驶员的转向操作。

2．制动

出于安全原因，我们不想直接对摩擦制动器进行操纵，因此构建了一个可以从后面拉动制动踏板的杠杆，该杠杆由大功率伺服舵机驱动，这使得驾驶员在手动和自动模式下都可以进行控制（图14.5b）。

3．加速

所有现代汽车的加速踏板都已经实现电子化，因此用程序控制汽车加速实际上是最简单的一部分，只需要一个模拟多路复用器就可以实现踏板和计算机输出信号之间的切换，从而相应地切换电动机控制器的输入信号（图14.5c）。

14.3 安全系统

由于全尺寸汽车对驾驶员、乘客以及旁观者都极为危险，因此需要一套能够进行车载和外部基站共同控制的多层安全系统，如图14.6所示，该系统由一个接管车辆安全功能的专用嵌入式控制器来进行控制。该安全系统和高级控制系统由Thomas Drage（Drage，Kalinowski，Bräunl 2014）[2] 具体实现。

图14.6 REV无人驾驶线控驱动和安全系统

1．车载安全系统（On-Board）

（1）急停按钮 利用急停按钮（图14.7），驾驶员/乘客可以一键解除自动模式并关闭驱动系统电源。

（2）汽车与基站之间的电子同步信号（Electronic heartbeat） 如果电子同步信号丢失，车辆停止。

（3）电子围栏 如果离开预定的GPS区域，车辆停止。

（4）看门狗定时器 如果车载软件由于硬件或软件错误而挂起，看门狗定时器将关闭车辆电源并通过低级控制器进行制动。

图14.7 急停按钮

（5）手动操控　如果检测到踩下油门、踩下制动踏板或对方向盘施加作用力的信号，就将车辆恢复到手动驾驶模式。

2. 非车载安全系统（Off-Board）

（1）远程紧急停止　按下远程基站控制电脑上通过 USB 连接的急停按钮或软件界面上的急停按钮（图 14.8），都会向车辆发送停止命令。

图 14.8　远程基站控制电脑上通过 USB 连接的急停按钮

（2）电子同步信号　同车载电子同步信号的功能类似。

14.4　无人驾驶

无人驾驶需要使用多个传感器才能准确测量出车辆的位置、方向和速度，并探测到障碍物、其他车辆、行人等周围环境信息。基于这些信息，无人驾驶车辆才能计算出所需的路径，然后将其转化为转向/制动/加速命令并发送到低级线控驱动控制器。高级和低级控制器之间的数据传输可以通过专用数据线或总线系统（例如 CAN 或 USB）完成。如图 14.9 和图 14.10 所示的 UWA/REV 无人驾驶汽车的典型传感器一般包括以下几种：激光雷达（单线或多线）、雷达、相机、惯性测量单元（IMU）、车轮编码器、距离传感器。

图 14.9　全自动 SAE 方程式电动汽车
（传感器位于驾驶员座椅上方）

本章主要研究无人驾驶任务的软件实现方式，因此不会对传感器类型和操作的细节进行过多讲解。有关传感器的更多信息可以在基于激光雷达的无人驾驶（Lim et al. 2018）[3] 和基于视觉的无人驾驶（Teoh，Bräunl 2012）[4] 等参考文献内查阅，这些文献中关于传感器的研究是在一辆捐赠

UWA/REV BMW X5 汽车上进行的，如图 14.10 所示。

图 14.10　UWA/REV BMW X5 汽车、EyeBot M6 立体视觉系统及其固定座

14.5　路锥赛道赛车

2018 年 FSG/F-SAE 的竞赛规则要求汽车能够在具有特定颜色和间距的路锥赛道上自动驾驶。由于赛道上没有其他障碍物和车辆，因此检测这些路锥的最简单方法是使用水平安装在车辆前方较低位置的单线激光雷达传感器来扫描 180°范围内的所有路锥。

比赛规则要求赛道左侧和右侧的路锥颜色分别为蓝色和黄色，但由于激光雷达只测量距离，因此这些颜色信息对激光雷达并无意义。摄像头系统可用于补充路锥检测的精度并提高感知性能和安全性，甚至可以作为唯一的传感器来构建更低成本的无人驾驶系统。

REV 路锥赛道无人驾驶算法已由张超以及 Lim（Lim 等 . 2019）[5] 和 Brogle（Brogle 等 . 2019）[6] 团队实现，其结果如图 14.11 所示。

图 14.11　无人驾驶汽车在不同路锥赛道路段上进行测试

模拟该系统的第一步是重新熟悉 EyeSim 的激光雷达传感器。默认情况下激光雷达会覆盖一个完整圆周而产生 360 个距离值，但这可以在机器人的 ROBI 描述文件中进行更改，例如在 180°范围内提供 1000 个距离值。

程序 14.1 所示的 SIM 脚本把 F-SAE 赛车放置在了一个仅包含三个橙色路锥的

运动平面内，单击并在驾驶区域范围拖动赛车就可以观察到 LCD 上显示的图像和激光雷达数据变化（图 14.12）。

程序 14.1　SAE 方程式赛车的 SIM 脚本

```
 1  settings VIS
 2
 3  # World File
 4  world field2.wld
 5
 6  #Robots
 7  robot"../../robots/Ackermann/SAE.robi"
 8  SAE 4000 1200 90 conedrive.x
 9
10  #Objects
11  object "../../objects/ConeOrange/coneorange.esObj"
12
13  #Left side of the track
14  Cone-O 4000 6500 0
15  Cone-O 3000 6100 0
16  Cone-O 5000 6100 0
```

a) LCD 上显示的图像　　　　　　　　b) 激光雷达数据

图 14.12　不同路段上的测试

图 14.12b 给出了赛车视角的摄像头图像以及 180°范围内的激光雷达扫描数据，由于没有围墙（同实际赛道类似），所有未扫描到路锥的激光雷达点都将返回最大值（在本例中为 9999mm），每一个路锥在激光雷达可视图中都产生了一个很深的切口，同时也可以看到中间路锥（障碍物）比两个外侧的路锥稍远（中间的黑色间隙起始位置比外侧的两个稍高）。

程序 14.2 中用于显示相机和激光雷达传感器数据的主函数是对第 4 章激光雷达绘图程序的扩展。函数 getmax 用来返回当前激光雷达扫描的最大距离值。函数

LIDARSet 用于设置激光雷达的扫描角度和角度分辨率，也可以在赛车的 ROBI 文件中对其进行指定。

程序 14.2　SAE 方程式赛车激光雷达演示程序（C）

```
1   int main()
2   {int    i, k,m;
3    int   scan[POINTS];
4    float scale;
5    BYTE  img[QQVGA_SIZE];
6
7    LCDMenu("DRIVE", "STOP", "","END");
8    CAMInit(QQVGA);
9    LIDARSet(180,0,POINTS);//range,tilt,points
10
11   do
12   { k =KEYRead();
13     CAMGet(img);
14     LCDImage(img);
15     if (k==KEY1) VWSetSpeed(200,0);
16     if(k==KEY2)VWSetSpeed(   0,0);
17     LIDARGet(scan);
18     m =getmax(scan);
19     scale =m/150.0;
20     LCDSetPos(13,0);
21     LCDPrintf("max % d scale % 3.1f\n",m,scale);
22     for (i=0; i<10;i++)
23       LCDPrintf("% 4d",scan[i* (POINTS/10)]);
24     // plotdistances
25     for (i=0; i<PLOT;i++)
26     {LCDLine(180+i,150-scan[SCL* i]/scale,180+i,150,BLUE);
27       LCDLine(180+i,150-scan[SCL* i]/scale,180+i, 0,BLACK);
28     }
29     LCDLine(180+POINTS/(2* SCL),
30           0,180+POINTS/(2* SCL),150,RED);
31   } while(k! =KEY4);
32  }
```

尽管完整真实的 SAE 方程式赛车系统非常复杂，并且会包含许多重要的安全功能，但我们仍可以在 EyeSim 中为路锥赛道赛车运行程序 14.3 中的简化算法来进行仿真实验。使用赛车前方安装在锥体高度以下的单线激光雷达传感器可以对前方

180°视场范围内的路锥进行扫描，如图 14.13 所示，利用激光雷达检测得到的两个最靠近中心的障碍物以及红色中线位置（图 14.13a）就可以确定避免碰撞的转向角。图 14.13a 的黑色激光雷达阴影看起来非常像障碍滑雪中的滑雪杖，我们使用类似的技术来避开这些障碍物。

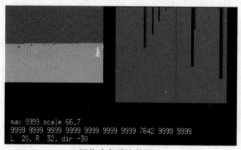

a) 摄像头和雷达数据

b) 行驶状态

图 14.13　SAE 赛车的摄像头和雷达数据及行驶状态

程序 14.3 显示了驾驶程序的主循环代码，假设赛车以函数 MOTORDrive 设置的恒定速度行驶。视野中间位置在曲线路段上行驶时会有明显的偏移，在调用辅助函数 getleftcone 和 getrightcone 时使用变量 middle 来表示中间位置，随后不断更新左右两个路锥之间的中间位置并计算转向角。函数 SERVOSet 用于转向控制，参数值为 128 时表示直线行驶，将路锥间隙 dir 同中值 128 相加就可实现路锥赛道的跟踪。

程序 14.3　SAE 路锥赛道简易行驶程序的主循环（C）

```
1  do    //car is already running with MOTORDrive(1,SPEED)
2   {OSWait(100);    // reduce main loop to 10Hz
3    CAMGet(img);
4    LCDImage(img);
5
6    LIDARGet(scan);//Lidar set to 180°range at 180 pt.
7    m =getmax(scan);
8    scale =m/150.0;
9
10   l = getleftcone(scan,middle);    // left-most cone
11   r =getrightcone(scan,middle);    // right-most cone
12   if (l>0 && r>0 &&l<r)
13   {middle=(l+r)/2;//middle position of [0..POINTS]
14   dir=(POINTS/2-middle);//range+/-POINTS/2
15   SERVOSet(1,128+dir);//0=right 128=mid.255=left
16   }
```

```
17
18        // plot distances and remove previou sline
19        for (i=0; i<PLOT;i++)
20        {LCDLine(180+i,150-scan[SCL* i]/scale,180+i,150,BLUE);
21          LCDLine(180+i,150-scan[SCL* i]/scale,180+i,0,BLACK);
22        }        // draw variable middle line
23        LCDLine(180+middle/SCL,0, 180+middle/SCL,150,RED);
24   } while(k! =KEY4);
25   }
```

程序 14.4 给出了辅助函数 getleftcone、getrightcone 和 getmax 的代码，函数 getleftcone 使用激光雷达传感器距离数组以及当前中间位置值作为参数，该函数从中间位置向左迭代，直至找到第一个距离小于 9000mm 的物体就将其认定为障碍物，然后停止运行并返回障碍物位置值，函数 getrightcone 也以相同的方式运行，只不过其迭代方向是从中间向右进行。在将激光雷达数据绘制到屏幕之前，可以使用 getmax 函数对数据进行缩放。

程序 14.4　辅助函数（C）

```
1    int getleftcone(int a[], int mid)
2    { int i;
3      for (i=mid-1; i>20;i--)
4        if (a[i] < 9000) return i; // cone detected!
5      return -1; // no cone
6    }
7
8    int getrightcone(int a[], int mid)
9    {  int i;
10      for (i=mid+1; i<160;i++)
11        if (a[i] < 9000) return i; // cone detected!
12      return -1; // no cone
13   }
14
15   int getmax(int a[])
16   { int i, pos =0;
17     for (i=1; i<POINTS;i++)
18       if (a[i] > a[pos]) pos =i;
19     return a[pos];
20   }
```

图 14.14 显示了车辆在模拟路锥赛道上的最终运行结果，可以看出，利用模拟器可以很好地实现对真实赛车的仿真！

图 14.14　SAE 方程式赛车在路锥赛道上的仿真

14.6　本章任务

1）仅使用激光雷达传感器实现路锥赛道赛车的控制程序。

2）仅使用摄像头实现路锥赛道赛车的控制程序。

3）结合激光雷达和摄像头，实现路锥赛道赛车的控制程序。

4）对程序进行扩展，避免与同一条赛道上的赛车发生碰撞。为两辆赛车编写不同的程序，在同一条赛道上实现两辆赛车之间的无人驾驶比赛。

参考文献

［1］ Formula Student Germany, *Autonomous Driving at Formula Student Germany* 2017, Aug. 2016, https：//www. formulastudent. de/pr/news/details/article/autonomous-driving-at-formula-student-germany-2017/

［2］ T. Drage, J. Kalinowski, T. Bräunl, *Integration of Drive-by-Wirewith Navigation Control for a Driverless Electric Race Car*, IEEE Intelligent Transportation Systems Magazine, pp. 23-33 (11), Oct. 2014

［3］ K. Lim, T. Drage, R. Podolski, G. Meyer-Lee, S. Evans-Thompson, J. Yao-Tsu Lin, G. Channon, M. Poole, T. Bräunl, *A Modular Software Framework for Autonomous Vehicles*, IEEE Intelligent Vehicles Symposium (IV), 2018, ChangShuChina, pp. 1780-1785 (6)

［4］ S. Teoh, T. Bräunl, *Symmetry-Based Monocular Vehicle Detection System*, Journal of Machine Vision and Applications, Springer, vol. 23, no. 4, July 2012, pp. 831-842（12）

[5] K. Lim, T. Drage, C. Zhang, C. Brogle, WLai, T. Kelliher, M. Adina-Zada, T. Bräunl, *Evolution of a Reliable and Extensible High-Level Control System for an Autonomous Car*, IEEE Transactions on Intelligent Vehicles, 2019, pp. 396-405 （10）

[6] C. Brogle, C. Zhang, K. Lim, T. Bräunl, *Hardware-in-the-Loop Autonomous Driving Simulation*, IEEE Transactions on Intelligent Vehicles, 2019, pp. 375-384 （10）

第15章

展　　望

在完成本书的学习后，如果您想开发结构更复杂、功能更强大（且更昂贵）的机器人系统，建议下一步应该对 Willow Garage 开发的机器人操作系统（ROS）⊖进行学习。ROS 是一个免费的开源平台，它为使用者提供了多个高级机器人软件包和实用程序综合库，例如同步定位与建图（SLAM）、三维可视化平台（rviz）、数据记录（rosbag）和仿真环境（Gazebo）等，大多数商用机器人的程序开发和仿真研究都是采用 ROS 实现的。

初学者使用 ROS 的难点在于它需要基于 Ubuntu 操作系统进行开发，它不支持 C 语言，而仅支持 C++和 Python 语言进行编程，另外其系统结构非常复杂，机器人初学者并不容易掌握。目前我们已经为 EyeBot 机器人开发了一个 ROS 客户端，可能在后续阶段会将其嵌入 EyeSim 中。我们所涉及的大型机器人和无人驾驶汽车的项目都是基于 ROS 实现的，未来也可能会迁移到 Apollo⊖硬件/软件汽车平台上。

希望本书能够激发出您对机器人技术世界进行深入探索的兴趣，树立起独自完成更多实验项目的信心。EyeSim 仿真软件可以帮助您在真实、多样和自由的环境中开发机器人程序。另外，构建一个真实的物理机器人平台对学习机器人编程至关重要，正如我们在本书开头概述的那样，这个机器人平台并不一定非常昂贵，它可以采用树莓派作为嵌入式控制器，加上摄像头、显示屏、两个电动机和一些距离传感器就可以以相当低的成本搭建起来，或者只需将遥控车模进行简单改装就可以实现。

祝你继续享受机器人探索之旅！

⊖　机器人操作系统（ROS），http：//www.ros.org。
⊖　阿波罗开放平台，http：//apollo.auto。

附 录

RoBIOS-7库函数

RoBIOS 是 EyeBot 控制器的操作系统，本附录介绍的 RoBIOS 版本为 2020 年 1 月发布的 7.2 版。

在使用 C 或 C++对 EyeBot 控制器进行编程时可调用以下库函数。如无特殊说明，所有函数在执行成功时的返回值都为 0，发生错误的返回值为非 0。

在程序源文件中导入 eyebot 头文件的语句为：#include "eyebot. h"

包含 RoBIOS 库的程序的编译语句为：$ gccarm myfile. c-o myfile. o

按功能的不同，库函数分为 LCD 输出、按键输入、摄像机、图像处理、系统函数、计时器、USB/串行通信、音频、测距传感器、舵机和电动机、V-ω 驱动接口、数字和模拟 I/O 接口、红外遥控、无线通信、多任务处理、仿真，共 16 类。

1. LCD 输出

```
int LCDPrintf(const char * format, ...);              //在 LCD 上显示字符串和参数
int LCDSetPrintf(int row, int column, const char * format, ...);
                                                      // 在指定位置显示
int LCDClear(void);                                   //清空 LCD 显示及显示缓冲区
int LCDSetPos(int row, int column);                   //将光标设置至指定位置,参数单位为像素
int LCDGetPos(int * row, int * column);               // 读取当前光标位置
int LCDSetColor(COLOR fg, COLOR bg);                  //设置输出颜色
int LCDSetFont(int font, int variation);              //设置输出字体样式
int LCDSetFontSize(int fontsize);                     //设置输出字体的大小
int LCDSetMode(int mode);                             //设置 LCD 模式(默认为 0)
int LCDMenu(char * st1, char * st2, char * st3, char * st4);
                                                      //设置各软按键的菜单
int LCDMenuI(int pos, char * string, COLOR fg, COLOR bg);
                                                      //设置单个软按键的菜单和颜色
int LCDGetSize(int * x, int * y);                     //获取 LCD 的分辨率
int LCDPixel(int x, int y, COLOR col);                //对 LCD 的单个像素进行设置
```

```
COLOR LCDGetPixel (int x, int y);        //读取 LCD 的特定像素的颜色值
int LCDLine(int x1, int y1, int x2, int y2, COLOR col);    //绘制直线
int LCDArea(int x1, int y1, int x2, int y2, COLOR col, int fill);
                                          // 绘制实心/空心矩形
int LCDCircle(int x1, int y1, int size, COLOR col, int fill);
                                          //绘制实心/空心圆形
int LCDImageSize(int t);                 //定义 LCD 的图像类型(默认为 QVGA)
int LCDImageStart(int x, int y, int xs, int ys);
                                     //定义图像起点位置和尺寸(默认为 0,0;max_x,max_y)
int LCDImage(BYTE * img);                //以指定位置和尺寸显示彩色图像
int LCDImageGray(BYTE * g);              //输出灰度图像[0,255](黑,白)
int LCDImageBinary(BYTE * b);            //输出二进制图像[0,1](黑,白)
int LCDRefresh(void);                    //刷新 LCD 输出
```

(1) 字体名称和变体

HELVETICA (默认值), TIMES, COURIER

NORMAL (默认值), BOLD

(2) 颜色常量 (数据类型 COLOR 中的 RGB 分量均为 "int" 型)

RED(0xFF0000), GREEN(0x00FF00), BLUE(0x0000FF), WHITE(0xFFFFFF), GRAY(0x808080), BLACK(0) ORANGE, SILVER, LIGHTGRAY, DARKGRAY, NAVY, CYAN, TEAL, MAGENTA, PURPLE, MAROON, YELLOW, OLIVE

(3) LCD 模式

LCD_BGCOL_TRANSPARENT, LCD_BGCOL_NOTRANSPARENT, LCD_BGCOL_INVERSE, LCD_BGCOL_NOINVERSE, LCD_FGCOL_INVERSE, LCD_FGCOL_NOINVERSE, LCD_AUTOREFRESH, LCD_NOAUTOREFRESH, LCD_SCROLLING, LCD_NOSCROLLING, LCD_LINEFEED, LCD_NOLINEFEED, LCD_SHOWMENU, LCD_HIDEMENU, LCD_LISTMENU, LCD_CLASSICMENU, LCD_FB_ROTATE, LCD_FB_NOROTATION

2. 按键输入

```
int KEYGet(void);                //持续等待按键动作并返回被按下的按键编号(KEY1...KEY4)
int KEYRead(void);               //读取按键状态,返回被按下按键的编号,无按键按下则返回 0
int KEYWait(int key);            // 等待特定按键被按下
int KEYGetXY (int * x, int * y); //持续等待触摸屏被触摸,返回被触摸位置的坐标
int KEYReadXY(int * x, int * y); //读取触摸屏状态,返回被触摸位置的坐标
```

按键常量: KEY1...KEY4, ANYKEY, NOKEY

3. 摄像机

```
int CAMInit(int resolution);     // 摄像机初始化及分辨率设置(包括图像处理分辨率)
int CAMRelease(void);            // 停止摄像机取视频流
int CAMGet(BYTE * buf);          // 读取彩色图像
int CAMGetGray(BYTE * buf);      // 读取灰度图像
```

对于以下函数, Python 版本的 API 略有不同。

```
def CAMGet () -> POINTER (c_ byte):

def CAMGetGray () -> POINTER (c_ byte):
```

(1) 分辨率设置

QQVGA（160×120），QVGA（320×240），VGA（640×480），CAM1MP（1296×730），CAMHD（1920×1080），CAM5MP（2592×1944），CUSTOM（LCD only）

CAMWIDTH，CAMHEIGHT，CAMPIXELS（=宽×高）以及 CAMSIZE（=3＊CAMPIXELS）变量会被自动设置（BYTE 的数据类型为"unsigned char"）

（2）摄像机常数　以字节为单位表征彩色图像和像素数。

QQVGA_SIZE，QVGA_SIZE，VGA_SIZE，CAM1MP_SIZE，CAMHD_SIZE，CAM5MP_SIZE QQVGA_PIXELS，QVGA_PIXELS，VGA_PIXELS，CAM1MP_PIXELS，CAMHD_PIXELS，CAM5MP_PIXELS

（3）数据类型

```
typedef QQVGAcolBYTE[120][160][3];      typedef QQVGAgray BYTE [120][160];
typedef QVGAcolBYTE[240][320][3];       typedef QVGAgray BYTE [240][320];
typedef VGAcolBYTE[480][640][3];        typedef VGAgray BYTE [480][640];
typedef CAM1MPcolBYTE[730][1296][3];    typedef CAM1MPgray BYTE [730][1296];
typedef CAMHDcolBYTE[1080][1920][3];    typedef CAMHDgrayBYTE[1080][1920];
typedef CAM5MPcolBYTE[1944][2592][3];   typedef CAM5MPgrayBYTE[1944][2592];
```

4. 图像处理

在 RoBIOS 库函数中仅包含对采用前述摄像机分辨率设置进行图像处理的基本函数，更复杂的处理函数请参见 OpenCV。

```
int IPSetSize(intresolution);        //利用 CAM 常数设置图像处理分辨率
int IPReadFile(char * filename,BYTE* img); //读取 PNM 文件,填充/裁剪;3:彩色图,2:灰度
                                           图,1:黑白图
int IPWriteFile(char * filename,BYTE* img);     //写 PNM 彩色文件
int IPWriteFileGray(char * filename, BYTE* gray); //写 PGM 灰度文件
void IPLaplace(BYTE* grayIn, BYTE* grayOut);  //对灰度图进行 Laplace 边缘检测
void IPSobel(BYTE* grayIn, BYTE* grayOut);    //对灰度图进行 Sobel 边缘检测
void IPCol2Gray(BYTE* imgIn, BYTE* grayOut);   //将彩色图像转换成灰度图
void IPGray2Col(BYTE* imgIn, BYTE* colOut);  //将灰度图转换成彩色图
void IPRGB2Col (BYTE* r, BYTE* g, BYTE* b, BYTE* imgOut);//将 3 通道灰度图转换为彩
                                                         色图
void IPCol2HSI (BYTE* img, BYTE* h, BYTE* s, BYTE* i);//将 RGB 图转换为 HIS 图
void IPOverlay(BYTE* c1, BYTE* c2, BYTE* cOut);//叠加彩色图像 c1 和 c2,产生一幅新图
void IPOverlayGray(BYTE* g1, BYTE* g2, COLOR col, BYTE* cOut); //叠加灰度图像
COLOR IPPRGB2Col(BYTE r, BYTE g, BYTE b); //像素:RGB 转颜色
void IPPCol2RGB(COLOR col, BYTE* r, BYTE* g, BYTE* b);//像素:颜色转 RGB
void IPPCol2HSI(COLOR c, BYTE* h, BYTE* s, BYTE* i);//像素: RGB 转 HSI
BYTE IPPRGB2Hue(BYTE r, BYTE g, BYTE b); //像素:RGB 转 Hue(灰度值为 0)
void IPPRGB2HSI(BYTE r, BYTE g, BYTE b, BYTE* h, BYTE* s, BYTE* i);
                                                    //像素: RGB 转 HSI
```

对于以下函数，Python 版本的 API 略有不同。

```
from typing import List
from ctypes import c_int, c_byte, POINTER
def IPLaplace (grayIn: POINTER(c_byte)) -> POINTER(c_byte):
def IPSobel (grayIn: POINTER(c_byte)) -> POINTER(c_byte):
```

```
def IPCol2Gray (img: POINTER(c_byte)) -> POINTER(c_byte):
def IPCol2HSI (img: POINTER(c_byte)) -> POINTER(c_byte) -> List[c_byte, c_byte, c_byte]: def IPOverlay (c1: POINTER(c_byte), c2: POINTER(c_byte)) -> POINTER(c_byte):
def IPOverlayGray (g1: POINTER(c_byte), g2: POINTER(c_byte)) -> POINTER(c_byte):
```

5. 系统函数

```
char * OSExecute(char* command);          //在后台执行 Linux 程序
int OSVersion(char* buf);                 // RoBIOS 版本
int OSVersionIO(char* buf);               // RoBIOS-IO Board 版本
int OSMachineSpeed(void);                 // 运行速度,单位为 MHz
int OSMachineType(void);                  // 机器类型
int OSMachineName(char* buf);             // 机器名称
int OSMachineID(void);                    // 从 MAC 地址得到的机器 ID
```

6. 计时器

```
int OSWait(int n);                        // 等待 n ms
TIMER OSAttachTimer(int scale, void (* fct)(void)); //添加中断请求例程,参数 scale 用
                                              于设置调用频率
int OSDetachTimer(TIMER t);               // 移除中断请求例程
int OSGetTime(int * hrs,int * mins,int * secs,int * ticks); // 获取系统时间
int OSGetCount(void);                     // 系统开机后的运行时间计数,计数单位为 ms
```

7. USB/串行通信

```
int SERInit(int interface, int baud,int handshake);
                                          //初始化通信接头(详见 HDT 文件)
int SERSendChar(int interface, char ch);  //发送单个字符
int SERSend(int interface, char * buf);   //发送字符串(遇 Null 结束)
char SERReceiveChar(int interface);       //接收单个字符
int SERReceive(int interface, char * buf, int size);
                                          //接收字符串(遇 Null 结束),返回字符串大小
int SERFlush(int interface);              //刷新接口缓冲区
int SERClose(int interface);              //关闭接口
```

通信参数

波特率:50~230400。

握手方式:NONE, RTSCTS。

接口:0(串口),1~20(USB 设备,具体名称通过 HDT 文件分配)。

8. 音频

```
int AUBeep(void);                         // 播放声音
int AUPlay(char* filename);               // 播放背景音乐文件(为 MP3 或 wave 格式)
int AUDone(void);                         // 检查 AUPlay 是否播放完毕
int AUMicrophone(void);                   // 返回麦克风 A-to-D 取样值
```

使用模拟数据函数录制麦克风声音(通道 8)。

9. 测距传感器

位置敏感元件（PSD）使用红外光束测量距离，需要在 HDT 文件中进行校准才能获得正确的距离读数。LIDAR（激光雷达）是一种单轴旋转激光扫描仪。

```
int PSDGet(int psd);  // 读取 PSD 测得的距离值,单位为 mm
int PSDGetRaw(int psd);  // 读取 PSD[1,6]的原始值
int LIDARGet(int distance[]); // 激光雷达返回的测量距离,单位为 mm;一周返回 360 个数据值
int LIDARSet(int range, int tilt, int points);  // 设置扫描范围[1,360°],向下倾斜角度,
                                                   数据点数
```

（1）PSD 常量

PSD_ FRONT, PSD_ LEFT, PSD_ RIGHT, PSD_ BACK

上述方向的 PSD 分别连接至端口 1，2，3，4。

（2）LIDAR 常量

LIDAR_ POINTS 返回的总数据点数

LIDAR_ RANGE 覆盖的角度范围，例如 180°

10. 舵机和电动机

电动机和舵机位置可以通过 HDT 文件进行校准。舵机编号取值范围为 [1，14]，位置范围为 [0，255]，电动机编号的取值范围为 [1，4]。

```
int SERVOSet(int servo, int angle);  // 将指定舵机旋转至指定位置
int SERVOSetRaw (int servo, int angle);  //绕过 HDT 将指定舵机旋转至指定位置
int SERVORange(int servo, int low, int high);  //对指定舵机在 1/100s 的运动范围进行设置
int MOTORDrive(int motor, int speed);  // 对指定电动机的速度进行设置,速度范围为[-100,+100]
int MOTORDriveRaw(int motor, int speed);  // 绕过 HDT 设置指定电动机的速度
int MOTORPID(int motor, int p, int i, int d);  //设置指定电动机的 PID 控制器的取值,范围
                                                 为[1,255]
int MOTORPIDOff(int motor);  // 停止 PID 控制
int MOTORSpeed(int motor, int ticks);  //设置电动机速度,速度以 100s 内产生的脉冲数进行度量
int ENCODERRead(int quad);  // 读取指定正交编码器的值,参数取值范围为[1,4]
int ENCODERReset(int quad);  // 将编码器的值设置为 0,参数取值范围为[1,4]
```

11. V-ω 驱动接口

$V\text{-}\omega$ 驱动函数是一组用于差速驱动底盘的高级控制函数。这些函数可以对底盘上的电动机 1（左）和电动机 2（右）进行控制。电动机旋转方向、减速比以及车辆宽度可以在 HDT 文件中进行设置。

下列函数中，线速度的单位为（mm/s），角速度的单位为（°/s），角度单位为（°）。

```
int VWSetSpeed(int linSpeed, int angSpeed);  // 设置机器人的线速度和角速度
int VWGetSpeed(int * linSspeed, int * angSpeed); // 读取机器人的当前速度
int VWSetPosition(int x, int y, int phi);  //设置机器人的位姿
int VWGetPosition(int * x, int * y, int * phi);  // 获取机器人的位姿
int VWStraight(int dist, int lin_speed);  // 以指定线速度驱动机器人直线行驶一定距离
```

```
int VWTurn(int angle, int ang_speed);   // 以指定角速度驱动机器人旋转一定角度
int VWCurve(int dist, int angle, int lin_speed);   // 以速度 lin_speed 行驶一段长度为
                                                   dist 同时旋转 angle 度的曲线
int VWDrive(int dx, int dy, int lin_speed);   // 以指定速度沿圆弧行驶至相对位置点
int VWRemain(void);//返回剩余的行驶距离,单位为 mm
int VWDone(void);//以非阻塞方式检查驱动是否完成 (1)
int VWWait(void);//挂起线程直至完成驱动操作
int VWStalled(void);//检测电动机是否堵转
```

正常情况下所有 VW 函数的返回值都为 0,如出现错误(例如无法到达目的地)则返回 1。

12. 数字和模拟 I/O 接口

```
int DIGITALSetup(int io, char direction); //引脚模式初始化,参数 io:引脚号,取值范围为
                                          [1,16],参数 direction( i:输入,o:输出,
                                          I:带上拉电阻的输入,J:带下拉电阻的输入)
int DIGITALRead(int io);   // 读取并返回单个输入引脚的状态,参数 io∈[1,16]
int DIGITALReadAll(void);   // 读取并返回所有 16 个输入引脚的状态
int DIGITALWrite(int io, int state);   // 使单个数字引脚输出 0 或 1,io∈[1,16],state ∈
                                       [0 或 1]
int ANALOGRead(int channel);   // 读取模拟引脚值,参数 channel ∈[1,8]
int ANALOGVoltage(void);   // 读取电源电压,精度:0.01V
int ANALOGRecord(int channel, int iterations);   // 以 1kHz 的频率记录模拟数据(非阻塞函数)
int ANALOGTransfer(BYTE* buffer);   // 传输先前记录的数据并返回数据大小
```

对于数字引脚,1~8 号引脚默认为带上拉的输入状态,9~16 号引脚默认为输出状态。

对于模拟引脚[0,8]:0 号引脚默认为电源电压模拟输入引脚,8 号引脚为传声器模拟输入引脚。

io 参数的含义:i—输入;o—输出;I—带上拉电阻的输入;J—带下拉电阻的输入。

13. 红外遥控

下列函数可用于读取标准红外电视遥控器（IRTV）向 EyeBot 发送的命令。遥控器可在 HDT 文件中启用或禁用。所支持的遥控器型号为 Chunghop L960E 学习型遥控器。

```
int IRTVGet(void);   // 阻塞型读取 IRTV 的命令
int IRTVRead(void);   // 非阻塞型读取 IRTV 的命令
int IRTVFlush(void);   // 清空 IRTV 缓冲区
int IRTVGetStatus(void);   // 检查 IRTV 是激活(1),还是关闭(0)
```

遥控器按钮的预定义常量为:

```
IRTV_0...IRTV_9, IRTV_RED, IRTV_GREEN, IRTV_YELLOW, IRTV_BLUE, IRTV_LEFT, IRTV_
RIGHT, IRTV_UP, IRTV_DOWN, IRTV_OK, IRTV_POWER
```

14. 无线通信

下列函数需要用到机器人的 WiFi 模块，使用时要求一个机器人的 WIFI 模块

（或外部路由器）处于 DHCP 模式，而所有其他机器人处于从机模式。无线通信可以通过 HDT 文件激活/禁用。网络中所有参与节点的名称也可以存储在 HDT 文件中。

```
int RADIOInit(void); //启动无线通信
int RADIOGetID(void); // 获得本机通信 ID
int RADIOSend(int id, char* buf); // 向指定 ID 的机器人发送字符串(NULL 停止)
int RADIOReceive(int * id_no, char* buf, int size); // 接受指定 ID 的机器人发送的数据
                                                    并返回数据大小
int RADIOCheck(void); // 检查消息是否正在等待:0 或 1(非阻塞型)
int RADIOStatus(int IDlist[]); // 返回机器人数量(包含自身)和 ID 列表
int RADIORelease(void); // 结束无线通信
```

ID 号与机器人 IP 地址的最后一个字节匹配。

15. 多任务处理

只需使用 pthread 函数就可以实现多任务处理，demo/MULTI 目录中包含多个多任务处理示例程序。

16. 仿真 （仅适用于仿真器）

下列函数只能在模拟环境中使用，从而可以获取真实信息以及使用相同设置进行重复实验。

```
void SIMGetRobot (int id, int * x, int * y, int * z, int * phi);
void SIMSetRobot (int id, int x, int y, int z, int phi);
void SIMGetObject(int id, int * x, int * y, int * z, int * phi);
void SIMSetObject(int id, int x, int y, int z, int phi);
int SIMGetRobotCount()
int SIMGetObjectCount()
```

id = 0 代表机器人本身;id 编号从 1 至 n 计数。